# 500kA 大型铝电解槽生产技术管理与病事槽处理

文义博 成 庚 主 编

北 京

冶金工业出版社

2020

# 内 容 提 要

本书对现代铝工业普遍使用的 500kA 大型铝电解槽生产技术管理与病事槽处理进行了全面的论述。全书分为 8 章，分别阐述了 500kA 电解槽的基本结构与基本参数、焙烧启动方案、工艺管理制度、操作技术标准、测量技术标准、控制系统原理及典型曲线研判、病事槽处理及停槽判定标准等内容，对 500kA 铝电解槽生产技术进行了系统化的归纳与总结。

本书适用于 500kA（及其他容量）铝电解槽生产实际操作人员、生产技术管理人员、维护及辅助作业人员、设计研究人员、职工教育培训人员以及经营管理人员等阅读，也可供高等院校冶金专业的师生参考。

## 图书在版编目（CIP）数据

500kA 大型铝电解槽生产技术管理与病事槽处理/
文义博，成庚主编 . —北京：冶金工业出版社，2017. 4
（2020. 1 重印）
ISBN 978-7-5024-7469-0

Ⅰ . ①5… Ⅱ . ①文… ②成… Ⅲ . ①氧化铝电解—
电解槽—研究 Ⅳ . ①TF821. 32

中国版本图书馆 CIP 数据核字（2017）第 047515 号

出 版 人 陈玉千
地 址 北京市东城区嵩祝院北巷 39 号 邮编 100009 电话 （010）64027926
网 址 www. cnmip. com. cn 电子信箱 yjcbs@cnmip. com. cn
责任编辑 张熙莹 美术编辑 彭子赫 版式设计 彭子赫
责任校对 郑 娟 责任印制 李玉山
ISBN 978-7-5024-7469-0
冶金工业出版社出版发行；各地新华书店经销；北京建宏印刷有限公司印刷
2017 年 4 月第 1 版，2020 年 1 月第 2 次印刷
148mm×210mm；5 印张；145 千字；143 页
38. 00 元
冶金工业出版社 投稿电话 （010）64027932 投稿信箱 tougao@cnmip. com. cn
冶金工业出版社营销中心 电话 （010）64044283 传真 （010）64027893
冶金工业出版社天猫旗舰店 yjgycbs. tmall. com
（本书如有印装质量问题，本社营销中心负责退换）

# 本书编委会

**主　　编**　文义博　成　庚

**参编人员**　王　伟　王平刚　李振中　张金锁　刘进县

　　　　　　杨成亮　党永新　胡跃文　刘振乾　刘文忠

　　　　　　刘海锋　谢冰洁　李善绪　韩凤斌　蔡　龙

　　　　　　段中波　郭　峰　王小康　马　凯　韩启超

　　　　　　贾志鹏　毛继龙　雪保武　袁维金　董继强

# 前　　言

　　近年来我国铝电解工业得到了突飞猛进的发展，中国电解铝产能已连续 15 年雄踞世界首位，其中以 500kA 电解槽为代表的超大型电解铝生产线在科技研发、工艺装备、技术指标和生产管理等各方面均已达到了国际先进水平，其中一些关键性技术还达到了国际领先水平。因此，以 500kA 电解槽为主力生产槽型的电解铝工业的跨越发展，对铝电解生产技术的管理者提出了更高的要求。

　　本书在吸收国内外大型槽炼铝生产工艺管理的基础上，充分总结甘肃东兴铝业有限公司在 500kA 超大型电解槽生产技术管理和病事槽处理方面的经验，内容涵盖了 500kA 电解槽的结构及配置、焙烧启动、工艺管理制度、操作技术标准、测量技术标准、控制系统原理、典型曲线研判及操作、病事槽处理（包括停限电停风和短路口及立柱母线损坏应急预案）、停槽判定标准等全过程，具有较强的实用性和先进性，可供铝电解生产实际操作者、生产技术管理人员、设计研究人员、教育培训人员以及经营管理人员等参考使用。

　　第 1 章作者介绍了 SY500 电解槽结构及配置（包括电解槽的上部和下部结构、母线结构和技术参数）、物理场优化设计（包括电磁场、流动场、热平衡和应力场设计）、500kA 电解槽基本参数以及 500kA 电解槽应用现状。

第 2 章作者介绍了 500kA 电解槽的焙烧启动技术，包括焙烧启动的方法、流程、物料用量和标准、焙烧启动用工器具、电解槽检查、铺焦挂极和装炉作业、通电焙烧、启动及后期管理、焙烧启动期间数据测量以及 500kA 电解槽的二次启动技术管理。

第 3 章作者针对 500kA 电解槽的特点，介绍了有关的技术制度（包括启动后期和正常期管理）、加料制度、出铝制度以及换极制度。

第 4 章作者介绍了 500kA 电解槽的操作技术标准，包括换极技术、出铝、母线提升、效应熄灭以及取样等操作的技术标准。

第 5 章作者介绍了 500kA 电解槽主要参数的测量技术标准，包括电解质和铝水高度、电解质温度、阳极电流分布、阴极电流分布、阴阳极极距、炉底压降、侧部钢板和阴极钢棒以及槽底钢板温度、炉底隆起高度、炉膛内型以及残极形状等测量技术标准。

第 6 章作者介绍了 500kA 电解槽的控制系统原理、典型曲线研制和槽控机操作。

第 7 章作者介绍了电解槽的针振和摆动、热行程、冷行程、阳极长包、阳极脱落、压槽、难灭效应、早期破损、滚铝、漏炉、阳极无指令上升或下降、停限电与停风应急预案、短路口及立柱母线损坏应急处置预案。

第8章作者介绍了500kA电解槽停槽的技术要求和停槽标准。

本书第1章内容由文义博、王伟、成庚、郭峰编写；第2章内容由成庚、王平刚、雪保武、刘进县、刘海锋、段中波编写；第3章内容由张金锁、党永新、刘文忠编写；第4章内容由王平刚、党永新、胡跃文编写；第5章内容由刘振乾、雪保武、贾志鹏编写；第6章内容由杨成亮、谢冰洁、董继强、文义博、胡跃文编写；第7章内容由王伟、李振中、张金锁、刘进县、杨成亮、党永新、胡跃文、刘振乾、刘海锋、谢冰洁、李善绪、韩凤斌、蔡龙、段中波、王小康、马凯、韩启超、毛继龙、雪保武、袁维金编写；第8章内容由李振中、段中波编写。

该书著作权归甘肃东兴铝业有限公司所有。对SY500电解槽设计单位沈阳铝镁设计研究院有限公司（原沈阳铝镁设计研究院）、槽控系统提供单位湖南盛翔自控有限公司（原湖南中大业翔科技有限公司）等兄弟单位的大力支持表示衷心的感谢。

受经验与能力所限，书中不足之处，敬请读者批评指正。

作　者

2016年11月30日

# 目　　录

# 1 500kA 电解槽的结构和基本参数

SY500 铝电解槽是沈阳铝镁设计研究院有限公司（原沈阳铝镁设计研究院）在解决大型铝电解槽磁流体稳定性、热平衡及槽壳变形等问题的基础上，开发的一种节能型铝电解槽。该槽型集成了阴极均流、非对称母线配置、三维电热场耦合计算等一系列先进技术，对促进电解铝行业工艺和设备进步有非常积极的作用。

2011 年 12 月 25 日，甘肃东兴铝业有限公司嘉峪关 45 万吨 500kA 铝电解系列顺利通电启动。在之后近一年的时间里，该系列创下了通电启动无事故、投产时间最短、投产后电解槽运行最平稳等多个行业第一。从某种程度来讲，该系列的快速安全投产及后期稳定运行，标志着 500kA 铝电解槽成功实现了大规模工业化应用。

目前，500kA 铝电解系列已经成为国内电解铝行业节能环保和大型化的主力军。国内有超过 15 条 500kA 铝电解系列处于生产状态，其形成的产能超过国内电解铝总产能的 30%。因此，非常有必要对 500kA 铝电解槽启动投产和日常管理过程中的经验和教训进行总结，进而系统地形成 500kA 铝电解系列管理方法和思路。

## 1.1 SY500 电解槽的结构及配置

SY500 电解槽采用新式阴极钢棒结构技术，通过数学模型建立电解槽物理场，优化设计出节能型 SY500 电解槽。该槽型具备以下特点：

（1）全系列 SY500 电解槽采用新式阴极钢棒结构技术，即适当加高阴极钢棒和炭块高度，将钢棒按照一定高度比例分割成上下两部分，从而改变阴极钢棒的导电结构，降低了铝液中水平电流，提高了电解槽的稳定性，降低了能耗，提高了电流效率。

（2）均一化内衬保温结构。在电解质熔体区采用氮化硅结合碳化硅砖镶嵌保温板，而在阴极区和保温区铺设保温板的结构，且内衬熔体区和保温区的保温板厚度一致。该内衬结构可有效强化电解槽保温，防止电解槽在低电压条件下槽况偏凉。

（3）采用六段区域集气上烟道结构，利用烟腔与烟管间的开口截面尺寸调整，在达到槽膛散热均匀的目的的同时，也强化下料点附件的集气效果，有效保证了电解槽密闭效率。

（4）采用无动力双烟管集气结构。独立于主烟道和主烟管之外，在电解槽上部增设副烟管，副烟管直接从槽膛集气，与主烟管并行汇入净化总管，在电解槽打开槽罩板作业时能瞬时将电解槽排烟量提高 1~3 倍，有效提高了电解槽密闭效率。

（5）SY500 电解槽母线采用非对称配置的结构形式，充分考虑相邻电解槽及相邻系列电解槽的影响，设计的阴极母线配置简单，易安装，阴极钢棒电流分布均匀，很好地解决了电解槽磁流体稳定性的要求，同时具有良好的经济性。

节能型 SY500 电解槽由上部结构、下部结构和母线结构组成，如图 1-1 和图 1-2 所示。

## 1.1.1 电解槽上部结构

电解槽的上部结构由打壳下料装置、阳极升降装置、大梁及门形立柱、槽上集气系统和阳极炭块组几部分组成。

### 1.1.1.1 打壳下料装置

打壳下料装置包括打壳机构和定容下料器。SY500 电解槽上设 6 个氧化铝料箱及 1 个氟化盐料箱，设 6 套打壳下料装置和 7 个定容下料器，用于氧化铝及氟化铝的下料，设 1 套打壳出铝装置，用于电解槽的出铝作业，如图 1-3 所示。

定容下料器采用无筒无刷定容下料器，氧化铝和氟化铝经过定容下料器按需加入槽中。计算机根据工艺状况，自动控制氧化铝和氟化铝的下料量，即控制氧化铝浓度和电解质摩尔比（行业中俗称分子比），实现"按需加料"，使氧化铝浓度保持在 1.5%~2.5% 范围内。

根据流动场计算结果，在阳极组夹缝与中缝交叉点设 6 个下料点，均在流动场的旋环内。每点每次下料定量 1.8kg，采用计算机多

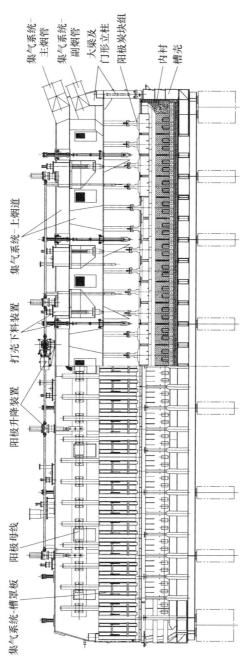

集气系统-主烟管
集气系统-副烟管
大梁及门形立柱
阳极炭块组
内衬
槽壳

集气系统-上烟道

集气系统

打壳下料装置

阳极升降装置

阳极母线

集气系统-槽罩板

图 1-1　节能型 SY500 电解槽设计图

图 1-2   节能型 SY500 电解槽现场运行图

模式智能控制每次下料间隔时间，保持槽内电解质中氧化铝浓度的恒定，以获得较高的电流效率。

1.1.1.2   阳极升降装置

SY500 电解槽采用螺旋提升机构。螺旋提升机构包括电动机、绝缘联轴器、主减速器、链条联轴器、万向联轴器、螺旋起重器、导向装置传动轴和阳极母线吊挂等部分，如图 1-4 所示。

1.1.1.3   大梁及门形立柱

SY500 电解槽采用加高实腹板梁加门形立柱支撑形式，该结构一方面可大大增强大梁的强度和刚度，另一方面可大幅度减少钢材用量，如图 1-5 所示。

1.1.1.4   槽上集气系统

电解槽集气系统由集气烟道、双烟管系统和侧部铝制罩板组成。

SY500 电解槽采用六段区域集气上烟道结构，利用烟腔与烟管间的开口截面尺寸调整，在达到槽膛散热均匀的目的的同时，也强化下料点附件的集气效果，有效保证了电解槽密闭效率，如图 1-6 所示。

SY500 电解槽采用无动力双烟管集气结构，即在电解槽上部增设副烟管，独立于主烟道和主烟管之外，副烟管直接从槽膛集气，

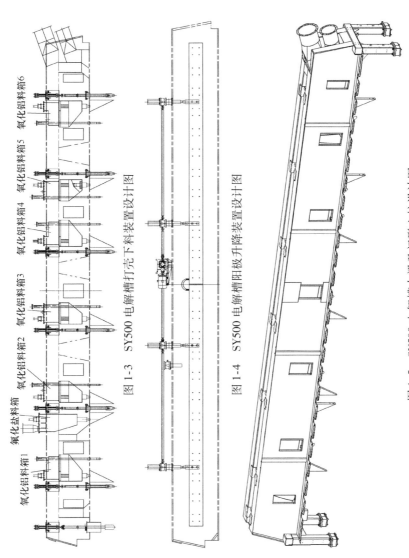

图 1-3　SY500 电解槽打壳下料装置设计图

图 1-4　SY500 电解槽阳极升降装置设计图

图 1-5　SY500 电解槽大梁及门形立柱设计图

氧化铝料箱6

氧化铝料箱5

氧化铝料箱4

氧化铝料箱3

氧化铝料箱2

氟化盐料箱

氧化铝料箱1

氧化铝料箱

图 1-6　SY500 电解槽集气上烟道及双烟管设计图

与主烟管并行汇入净化总管，在电解槽打开槽罩板作业时能瞬时将电解槽排烟量提高 1~3 倍，有效提高了电解槽密闭效率，减少了开槽操作时污染物的无组织排放量。

　　侧部罩板为机械强度高、外形美观的直形结构。为提高烟气收集效率，水平罩板与导杆之间采用了高温密封材料密封，如图 1-7 所示。

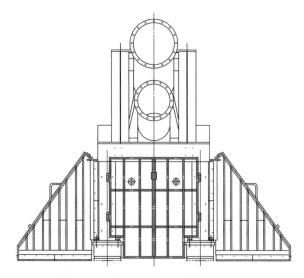

图 1-7　SY500 电解槽槽罩板设计图

1.1.1.5　阳极炭块组

SY500 电解槽安装 48 组单阳极炭块结构的阳极炭块组。炭块阳

极尺寸为 1750mm×740mm×620mm, 阳极钢
爪为单排 4 爪结构。阳极炭块组间距 40mm,
两排阳极之间构成的中缝为 200mm, 距离大
面的加工距离为 300mm, 如图 1-8 所示。

### 1.1.2 电解槽下部结构

电解槽的下部结构由钢制槽壳和内衬
构成。

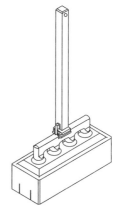

图 1-8 SY500 阳极
炭块组

#### 1.1.2.1 槽壳

应用先进成熟的数学模型对槽壳的受力
进行模拟计算, 对槽壳的强度、应力集中
点、局部变形等做出相应处理, 确定大小面
均采用摇篮架、大面船形等结构, 以减少垂直直角的集中应力, 延
长槽寿命。

在节能型 SY500 槽壳设计中, 大面摇篮架共 25 个, 小面摇篮架
共 12 个, 均与槽壳焊接在一起, 以增加槽壳的强度和散热面积, 利
于内衬炉帮的形成。槽壳大面外壁设散热片, 小面围板开有散热孔,
增强槽壳的散热能力, 如图 1-9 所示。

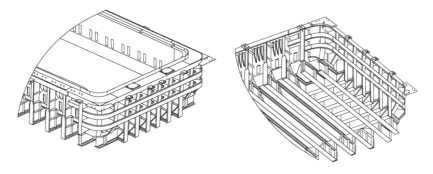

图 1-9 SY500 电解槽槽壳设计图

#### 1.1.2.2 内衬

电解槽热平衡设计的关键是炉膛内型和电解质结晶固相等温曲
线的位置。根据电解槽热平衡的数值模拟结果, 确定电解质结晶固

相等温曲线的位置，合理设计电解槽内衬结构和选择内衬材料，使电解槽在生产期间形成稳定规整的炉膛内型，达到稳定生产和延长槽内衬寿命的目的。

SY500 电解槽采用均一化内衬保温结构。在电解质熔体区采用氮化硅结合碳化硅砖镶嵌保温板，而在阴极区和保温区铺设保温板的结构，且内衬熔体区和保温区的保温板厚度一致。该内衬结构可有效强化电解槽保温，防止电解槽在低电压条件下槽况偏凉。

根据电解槽的热平衡模拟计算，确定电解槽内衬的材质及厚度。电解槽内衬，从下到上依次为一层陶瓷纤维板，一层硅酸钙板，一层保温砖，一层干式防渗料（在以后的改进方案中采用防渗砖），在其上安装阴极炭块组，阴极炭块组四周用冷捣糊扎实（在以后的改进方案中采用冷捣糊打到与阴极炭块底部平齐位置），如图 1-10 所示。

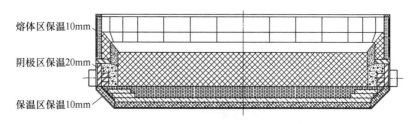

熔体区保温10mm

阴极区保温20mm

保温区保温10mm

图 1-10 SY500 电解槽内衬设计图

槽侧部熔体区为镶嵌保温层的复合异型块，该复合块由一层 90mm × 400mm × 630mm 的氮化硅结合碳化硅块和普通炭素异型块组成，其中氮化硅结合碳化硅块内镶嵌 10mm 陶瓷纤维保温层。侧部复合块与阴极炭块组之间的边缝用炭糊捣制成坡形，形成人造伸腿，有利于形成槽帮。

槽侧部阴极区为了达到保温效果，在槽壳内侧依次铺设一层 20mm 陶瓷纤维板，一层保温砖，在与阴极炭块的空隙间捣入防渗浇注料。

SY500 电解槽采用 740mm 宽的大阴极炭块，阳极正投影与阴极炭块重合。阴极炭块组采用新式阴极钢棒结构技术，即加高阴极钢棒和炭块高度；将钢棒按照一定高度比例分割成上下两部分，从而改变阴极钢棒的导电结构；优化阴极钢棒与炭块的组装形式；调整了阴极炭块组的电阻，减少了铝液中水平电流，提高电解槽的稳定性，为电解槽在低电压、高效率下平稳运行创造了条件。

### 1.1.3 电解槽母线结构

电解槽母线由阳极母线、阴极母线和立柱母线及短路母线构成，如图 1-11 所示。

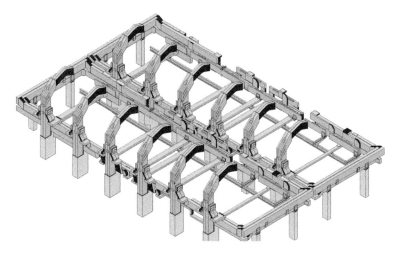

图 1-11　SY500 电解槽母线设计图

阳极母线采用铸铝母线，由四根 9270mm × 550mm × 200mm 的铸铝母线组成，与立柱母线之间用软母线相连接，以便阳极升降。

阴极母线采用非对称配置的结构形式，大面六点进电，进电侧阴极母线经电解槽周围及槽底沿纵向引出，与出电侧母线汇集引入下一台电解槽。该配置结构充分考虑相邻电解槽及相邻系列电解槽的影响，设计的阴极母线配置简单，易安装，阴极钢棒电流分布均匀，很好地解决了电解槽磁流体稳定性的要求，同时具有良好的经济性。

电解槽停电短路采用地上短路，短路母线在操作地坪上方立柱母线上，操作方便，短路停电 2 ~ 5min。所有的铝母线焊接均采用氩弧焊。

### 1.1.4　电解槽技术参数

节能型 SY500 电解槽的主要技术参数和经济指标见表 1-1 和表 1-2。

**表 1-1　节能型 SY500 预焙槽的主要技术参数**

| 序 号 | 项 目 名 称 | 参 数 |
|---|---|---|
| 1 | 电流强度/kA | 500 |
| 2 | 阳极电流密度/A·cm$^{-2}$ | 0.804 |
| 3 | 阳极炭块组尺寸/mm×mm×mm | 1750×740×620 |
| 4 | 阳极组数/组 | 48 |
| 5 | 阳极钢爪数/个 | 4 |
| 6 | 槽壳外形尺寸/mm×mm | 20500×5220 |
| 7 | 阴极炭块尺寸/mm×mm×mm | 3810×740×510 |
| 8 | 阴极炭块组数/组 | 24 |
| 9 | 槽膛平面尺寸/mm×mm | 19700×4480 |
| 10 | 大面加工面尺寸/mm | 300 |
| 11 | 小面加工面尺寸/mm | 420 |
| 12 | 阳极中缝尺寸/mm | 200 |
| 13 | 氧化铝下料点/点 | 6 |
| 14 | 氟化盐下料点/点 | 1 |
| 15 | 阳极升降行程/mm | 400 |

**表 1-2　SY500 电解铝工艺综合技术经济指标**

| | 指标名称 | 数值 | 备 注 |
|---|---|---|---|
| 主要技术指标 | 系列电流强度/kA | 500 | |
| | 安装槽数/台 | 336 | 其中备用 8 台 |
| | 生产槽数/台 | 328 | |
| | 电解槽平均电压/V | 3.930 | |
| | 槽工作电压/V | 3.904 | |
| | 电流效率/% | 94 | |
| | 效应系数/次·(台·日)$^{-1}$ | 0.05 | |
| | 电解槽内衬寿命/天 | >2200 | |
| | 单槽日产原铝量/t | 3.78444 | |
| | 年产原铝量/t | 453073 | |

| | 指标名称 | 数 值 | 备 注 |
|---|---|---|---|
| 产品质量 | Al99.70 以上品级率/% | 100 | |
| 原材料<br>单耗指标 | 氧化铝/kg·(t-Al)$^{-1}$ | 1920 | |
| | 氟化铝/kg·(t-Al)$^{-1}$ | 20 | |
| | 阳极炭块/kg·(t-Al)$^{-1}$ | 510/410 | 毛耗/净耗 |
| | 直流电耗/kW·h·(t-Al)$^{-1}$ | 12462 | |

## 1.2 物理场优化设计

电解生产实践证明电解槽的稳定性是获得良好生产指标的根本保证，通过解决以下 4 个主要问题来解决电解槽的稳定性：一是电解槽壳的应力变形问题，要求槽壳有足够的刚度，以抵御由于阴极炭块热膨胀和渗钠所产生的强大外推力，长期保持电解槽所必需的良好形状；二是电磁场的均匀性，以保证电解槽在高电流强度下能够平稳地生产；三是高温熔液的流动场，以控制电解槽内高温熔液的流速和界面波动幅度；四是热平衡问题，以解决电解槽在低电压操作时能形成稳定良好的炉膛内型，使电解槽能够长期在稳定条件下高效运行。

### 1.2.1 电磁场设计

电磁场设计包括电平衡与磁场设计。

#### 1.2.1.1 电平衡

在电平衡设计中，要求阴极电流设计值分布偏差原则上小于 ±2%。节能型 SY500 电解槽的阴极钢棒电流分布计算结果如图 1-12 和图 1-13 所示。

由图 1-12、图 1-13 可知，节能型 SY500 电解槽的阴极电流分布均匀，其偏差值基本控制在 ±2% 以内，阴极钢棒电流设计值整体分布均匀，无明显偏流现象。

#### 1.2.1.2 磁场设计

铝电解槽磁流体稳定性仿真计算时，垂直方向磁感应强度 $B_z$ 是

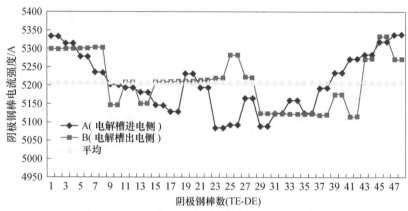

图 1-12    节能型 SY500 阴极钢棒电流强度分布图

（IE 表示电解槽出铝端，DE 表示电解槽烟道端，阴极钢棒数（TE-DE）表示从出铝端开始向烟道端的钢棒数）

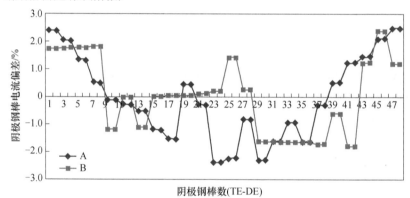

图 1-13    节能型 SY500 阴极钢棒电流强度偏差分布图

影响电解槽磁流体稳定性的关键因素，其值应同时满足以下要求：

（1）4 个象限的垂直磁感应强度 $B_z$ 平均值保持在 5Gs 左右。

（2）垂直磁感应强度 $B_z$ 最大值不大于 20Gs。

（3）4 个象限的垂直磁感应强度 $B_z$ 分布均匀，且具有良好的反对称性。

根据上述要求，节能型 SY500 垂直磁场分布如图 1-14 所示。

由图 1-14 可知，节能型 SY500 的垂直磁场 $B_z$ 数值较小，且分

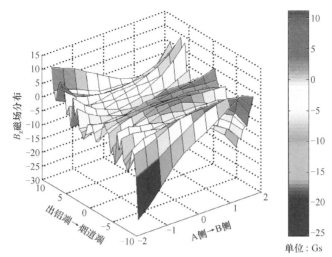

图 1-14 节能型 SY500 电解槽垂直磁场三维分布图

布比较均匀，呈现出良好的反对称性，4 个象限的平均值分别为
3.399Gs、3.659Gs、3.023Gs 和 4.131Gs，均维持在 5Gs 以内；$B_z$ 最
大值为 25.300Gs，位于 A 侧与烟道端的角部。因此，节能型 SY500
电解槽的磁场分布满足设计要求。

## 1.2.2 流动场设计

利用先进的流动场模拟软件，综合分析电解槽铝液的流速和波
动。通过建立电解槽流动场模型，分析铝液流速、电解质流速和界
面变形情况，指导电解槽磁场和电平衡的设计，从而保证了电解槽
的稳定性。节能型 SY500 电解槽的流动场模拟结果如图 1-15、图
1-16 和表 1-3 所示。

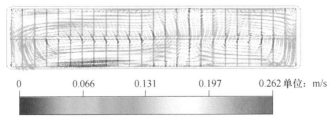

图 1-15 铝液流速分布

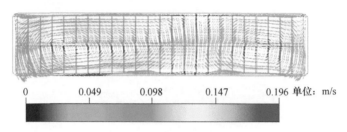

图 1-16　电解质流速分布

**表 1-3　节能型 SY500 电解槽流动场模拟结果**

| 铝液层流速/cm·s⁻¹ | | 电解质层流速/cm·s⁻¹ | | 界面变形/cm |
|---|---|---|---|---|
| 最大 | 平均 | 最大 | 平均 | 最大 |
| 26.2 | 8.7 | 19.6 | 4.6 | 5.4 |

从铝液和电解质流速及界面变形情况分析可以看出，电解槽的流动形状对称，界面变形量小，SY500 电解槽的磁流体稳定性较好。

### 1.2.3　热平衡设计

为了使节能型 SY500 电解槽在低电压槽况下能维持合理的电解温度和过热度，需要利用仿真模拟手段进行电热平衡核算，给出低工作电压下应采取的内衬结构、摩尔比调控、覆盖料原料掺配比例和厚度、烟气流量等指导性措施，避免生产过程中电解槽出现"冷槽"或"热槽"、炉底沉淀增加等恶劣槽况。因此，节能型电解槽的保温方案是热平衡设计的关键。

节能型 SY500 电解槽的保温方案主要包括两个方面。一是集气系统的设计与烟气流量调节，即设计六段区域集气上烟道和无动力双烟管集气结构，强化下料点附件的集气效果和控制打开槽罩板作业时的污染物排放，有效保证了电解槽密闭效率；同时在槽腔内实现均匀集气、均匀散热的目标，并根据槽况变化适时调整烟管阀门，达到灵活调整槽上部散热，进而起到槽体保温的作用。二是内衬结构保温及相关工艺技术参数的调节，即在合理适中的内衬保温结构下，通过工艺技术参数调整达到在低电压槽况下能建立良好热平衡的目的。

### 1.2.3.1 集气系统

电解槽热平衡中的集气系统主要指槽上集气烟道，而流经集气烟道的烟气带走热约占电解槽总热损失的 30% ~40%，对电解槽热平衡影响较大，也是决定电解槽密闭效率的关键因素。但调节烟道集气量及散热能力的大小在较大程度上又取决于后续的烟气净化系统，因此，净化系统也可理解为槽上集气系统的延伸，是灵活调节电解槽热平衡的一种手段。

节能型 SY500 电解槽采用六段区域集气上烟道搭配无动力双烟管集气结构，在电解槽密闭状况下能以较小风量强化下料点附件的集气效果，在打开槽罩板作业时能瞬时将电解槽排烟量提高 1~3 倍，防止槽腔内污染物向外逸出。烟道内部的烟气流动场模拟计算结果如图 1-17 和表 1-4 所示，双烟管内部的烟气流动场如图 1-18 所示。

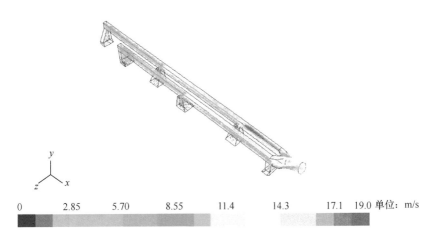

图 1-17　六段区域集气上烟道内烟气流速分布

表 1-4    六段区域集气上烟道的集气量分布

| 名　称 | 烟道一 | 烟道二 | 烟道三 | 烟道四 | 烟道五 | 烟道六 | 出口 |
|---|---|---|---|---|---|---|---|
| 流量（标态）/m³·h⁻¹ | 1529 | 1498 | 1452 | 1515 | 1496 | 1510 | 9000 |
| 误差/% | 2 | -1 | -3 | 1 | 0 | 1 | — |
| 压损/Pa | 0 | 0 | 0 | 0 | 0 | 0 | 138 |

该烟道内烟气流速最大值为 19m/s，各段烟道的集气量偏差在
-3%~2% 内波动，实现了槽膛内均匀集气的目的；设计排烟量下烟
道阻力为 138Pa，较传统设计值降低约 50~100Pa，可有效降低净化
系统的运行阻力，实现系统节能。

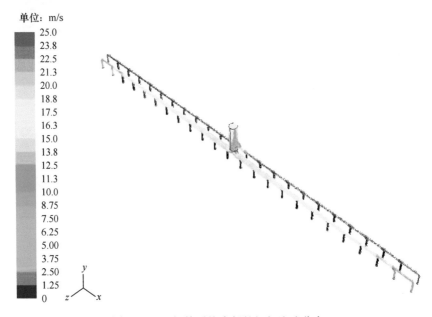

图 1-18    双烟管系统内部的烟气流速分布

分析图 1-18 可知，仅打开尾端的副烟管时，计算所得副烟管的
烟气流量是主烟管设计流量的 1.41 倍，即尾端槽的单槽排烟量可瞬
时增大到 2.41 倍。当 1/4 净化管道系统内同时打开两台槽时，开槽
的副管排烟量可瞬时增大到主烟管设计风量的 1.41~1.77 倍。当同
时打开 4 台槽时，开槽的副管排烟量可瞬时增大到主烟管设计风量

的 0.88 ~ 1.13 倍。SY500 电解槽的双烟管系统安装运行如图 1-19 所示。

图 1-19 SY500 电解车间内的双烟管系统

由模拟计算结果可知，节能型 SY500 电解槽采用六段区域集气上烟道搭配无动力双烟管集气结构，有效控制了电解车间污染物无组织排放，提高了电解槽密闭效率，实现了节能环保。

### 1.2.3.2 热平衡

节能型 SY500 电解槽热平衡计算的主要参数见表 1-1 和表 1-2。

A 电压平衡

体系内压降（不含外母线压降）的计算式为：

$$E_{体系内} = U_{阳极} + U_{极化} + U_{电解质} + U_{阴极} + U_{效应} \tag{1-1}$$

式中，$U$ 为电压。

节能型 SY500 电解槽的设计工作电压组成见表 1-5。

表 1-5 电压平衡测算表 （V）

| 电压类型 | 阳极电压 | 极化电压+反电动势 | 电解质电压 | 阴极电压 | 效应均摊 | 外母线压降 | 平均电压 |
|---|---|---|---|---|---|---|---|
| 数值 | 0.356 | 1.650 | 1.340 | 0.304 | 0.010 | 0.240 | 3.900 |

B 热平衡

利用有限元软件建立了节能型 SY500 电解槽的 3D 热场计算模

型，如图 1-20 所示，计算结果如图 1-21～图 1-23 和表 1-6 所示。

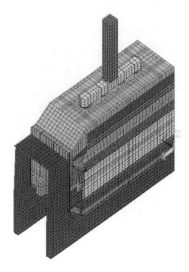

图 1-20    节能型 SY500 电解槽的
3D 热场计算模型

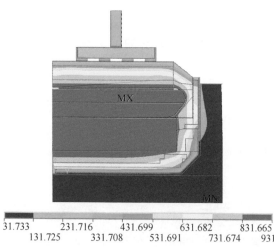

| 31.733 | 231.716 | 431.699 | 631.682 | 831.665 |
|---|---|---|---|---|
| 131.725 | 331.708 | 531.691 | 731.674 | 931.657 |

单位:℃

图 1-21    全槽温度分布

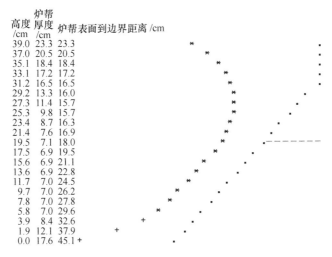

| 高度<br>/cm | 炉帮<br>厚度<br>/cm | 炉帮表面到边界距离/cm |
|---|---|---|
| 39.0 | 23.3 | 23.3 |
| 37.0 | 20.5 | 20.5 |
| 35.1 | 18.4 | 18.4 |
| 33.1 | 17.2 | 17.2 |
| 31.2 | 16.5 | 16.5 |
| 29.2 | 13.3 | 16.0 |
| 27.3 | 11.4 | 15.7 |
| 25.3 | 9.8 | 15.7 |
| 23.4 | 8.7 | 16.3 |
| 21.4 | 7.6 | 16.9 |
| 19.5 | 7.1 | 18.0 |
| 17.5 | 6.9 | 19.5 |
| 15.6 | 6.9 | 21.1 |
| 13.6 | 6.9 | 22.8 |
| 11.7 | 7.0 | 24.5 |
| 9.7 | 7.0 | 26.2 |
| 7.8 | 7.0 | 27.8 |
| 5.8 | 7.0 | 29.6 |
| 3.9 | 8.4 | 32.6 |
| 1.9 | 12.1 | 37.9 |
| 0.0 | 17.6 | 45.1 |

图 1-22 炉帮形状

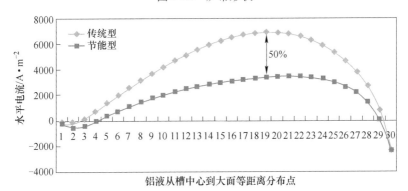

图 1-23 水平电流分布

表 1-6 热平衡计算主要结果

| 项 目 | 数 值 |
|---|---|
| 槽电压/V | 3.900 |
| 电解质水平/cm | 18 |
| 铝水平/cm | 21 |
| 覆盖料厚度/cm | 16 |
| 电解温度/℃ | 932 |

续表 1-6

| 项　　目 | 数　　值 |
|---|---|
| 过热度/℃ | 8 |
| 槽壳最高温度/℃ | 258 |
| 相界面处炉帮厚度/cm | 15 |
| 伸腿长/cm | 15 |
| 槽上部散热/% | 55.5 |
| 槽下部散热/% | 44.5 |
| 水平电流降幅/% | 50 |

　　如图 1-21 ~ 图 1-23 和表 1-6 所示，节能型 SY500 电解槽采用新式阴极钢棒结构技术，水平电流较传统电解槽减少 50%，能在 3.900V 时建立并维持良好的热平衡。模拟结果表明，900℃ 等温线位于阴极炭块以下，800℃ 等温线位于保温层以上，各等温线平直排列且间隔疏密均匀，分布合理；电解槽上下散热比例分布合理，炉帮厚度及伸腿长度适中，槽壳最高温度 258℃，槽况良好。

## 1.2.4  应力场设计

　　电解槽的槽壳不仅是阴极的载体，它还是决定槽寿命的一个重要因素。槽壳承受的载荷有槽壳（含摇篮架）自重、内衬重、槽内铝液和电解质重、阳极及上部金属结构重，由于阴极炭块受热和渗钠后向外产生极大的推力，槽壳还必须具有足够的强度来防止其过大的变形以及阴极错位和破裂。因此，设计槽壳的总要求是：要有足够的刚度，抵抗槽壳的过度变形，同时还要考虑足够的强度、省材、便于制造和维修。SY500 电解槽槽壳应力模拟结果见表 1-7。

表 1-7　SY500 电解槽槽壳预测变形量　　　　　（mm）

| 预测变形量 | 大面变形量 | 小面变形量 | 槽壳最大变形量 |
|---|---|---|---|
| 数值 | 23.8 | 26.2 | 36.5 |

由表 1-7 可知，节能型 SY500 电解槽的大、小面槽壳膨胀变形，以及槽底上拱量均在设计要求范围内，完全满足电解生产要求。

## 1.3 500kA 电解槽基本参数

500kA 电解槽部分基本设计参数见表 1-8。

表 1-8 500kA 电解槽部分基本设计参数

| 设备名称 | 500kA 电解槽 | 阳 极 组 数 | 48 |
|---|---|---|---|
| 阳极炭块尺寸 /mm × mm × mm | 1750 × 740 × 620 | 槽壳内尺寸 /mm × mm × mm | 19700 × 4480 × 1467 |
| 设备总质量/kg | 331665 | 槽膛内尺寸/mm × mm × mm | 19520 × 4300 × 560 |
| 电解槽主体结构 | 预焙阳极电解槽主要材料 | 阳极母线/mm × mm × mm | 200 × 550 × 9270（4 根） |
| | | 阳极导杆/mm × mm × mm | 160 × 165 × 2598 |
| | | 爆炸焊块/mm × mm × mm | 52 × 210 × 215/52 × 50 × 80 |
| | | 阴极炭块组/mm × mm × mm | 510 × 740 × 3810（24 组） |
| | | 侧部复合块（氮化硅结合碳化硅）/mm × mm × mm | 90 × 400 × 630（108 组） |
| | | 侧部炭块/mm × mm × mm | 90 × 250 × 630（4 块）、90 × 240 × 630（4 块） |
| | | 角块/mm | 90（厚度） |
| | | 耐火砖/mm × mm × mm | 65 × 114 × 230 |
| | | 硅藻土保温砖 /mm × mm × mm | 65 × 114 × 230 |
| | | 绝热板/mm × mm × mm | 80 × 1080 × 1360 |
| | | 陶瓷纤维板 /mm × mm × mm | 10 × 600 × 1200、20 × 600 × 1200 |
| | | 隔热耐火砖 /mm × mm × mm | 65 × 95 × 230、65 × 114 × 230、65 × 114 × 245、65 × 153 × 245 |
| | | 干式防渗料/kg | 24400 |
| | | 防渗浇注料/kg | 7532 |

续表 1-8

| 技　术　参　数 | | | |
|---|---|---|---|
| 阳极电流密度 /A·cm$^{-2}$ | 0.804 | 进电母线 | 6 端 |
| 大面加工距离/mm | 300 | 阳极升降形式 | 螺旋丝杠提升 |
| 小面加工距离/mm | 420 | 阳极升降速度/mm·min$^{-1}$ | 75 |
| 阳极升降行程/mm | 400 | 升降电机功率/kW | 15 |
| 下料点数/点 | 6 | 下料量容量/kg | 1.8 |

## 1.4　500kA 电解槽应用现状

甘肃东兴铝业有限公司在嘉峪关市共有 3 个节能型 SY500 电解系列，一期工程包括 1 个电解系列，年产铝量约 45.3073 万吨；二期工程包括两个电解系列，年产铝量约 90.6146 万吨。两期 SY500 电解系列工程总年产铝量约 135.9219 万吨。一期 45 万吨系列于 2011 年 12 月 26 日开始通电启动，2012 年 8 月全系列全部投入运行，经过两年多的实践摸索和技术总结，并通过工艺技术标准研制等工艺技术研究和不断的工艺参数调整和优化，整体技术达到了国际领先水平，创造了国内外大型铝电解新的设计与生产工艺技术，实现了中国超大型铝电解技术在世界上的新突破。

节能型 SY500 大容量电解槽系列技术已规模化成功推广应用到新设计的 18 个 SY500 电解系列，总设计产能达 750 万吨以上，整体降低了我国电解槽的能耗指标，间接减少了煤炭等一次性能源的消耗，减少了温室气体的排放，为国内铝行业的节能减排作出了显著贡献，也为中国铝电解技术的发展和进入世界市场创造了广阔前景。

# 2  500kA 电解槽的焙烧启动

## 2.1  焙烧启动概述

电解槽焙烧启动的目的是利用焦粒或燃气等物质产生大量的热，促使炭阳极和阴极升温，使阴极炭块与周边的糊料烧结为一体，同时烘干耐火保温内衬材料，将炉膛和内衬温度提升至接近电解生产温度，为电解槽转入正常生产做好准备。

500kA 电解槽的焙烧时间一般保持在 48~72h，但焙烧启动质量好坏却影响着电解槽内衬寿命和启动后的生产状态。焙烧启动不当，易造成电解槽早期漏炉事故；阴极内衬升温不足或升温不够均匀也会对电解槽长周期高效运行造成不良影响。

### 2.1.1  焙烧方法

电解槽焙烧方法总体分为两大类，一是利用焦粒、铝液作为电阻的电焙烧法；二是利用燃气、燃油作为发热介质的燃料焙烧法。

#### 2.1.1.1  电焙烧法的优劣

利用铝液作为电阻的电焙烧法，是在电解槽通电前，将一定量的铝液灌入炉膛内，使之与阳极接触，构成电流回路，并在通电后利用铝液、阳极和阴极发热焙烧的方法。尽管铝液焙烧时，电解槽炉膛升温相对均匀，但即便在全电流条件下，铝液发热量也不大。因此，为了提高焙烧效率，减少电能损耗，500kA 电解槽焙烧启动过程中不采用铝液焙烧方法。

相比铝液焙烧，作为发热电阻的焦粒在发热量、焙烧启动时间、焙烧效率方面具有明显优势。电解槽在完成铺设焦粒作业，实现通电后，铺设的焦粒、阳极炭块和阴极炭块会持续发热，使炉膛、阴极内衬逐步升温，对阻止铝液渗入阴极，延长阴极内衬寿命起到了重要作用。因此，在确保焦粒铺设均匀、阳极炭块和阴极炭块电流分布良好以及启动后电解质洁净的前提下，焦粒焙烧是 500kA 电解槽焙烧启动较为理想的方法。

#### 2.1.1.2 燃料焙烧法的优劣

燃料焙烧法通过调节燃料燃烧量，可以控制炉膛升温速度，也可以有效避免阴极开裂，焙烧费用相比较低，焙烧温度的精准控制效果要优于其他焙烧方法。但是，燃料焙烧需具有便捷的燃料来源，铺设好专门的焙烧燃气管道，安装复杂的燃烧装置和相应严格的操作方法等一系列问题，令大多数企业不易抉择。

### 2.1.2 启动方法

电解槽完成焙烧后，进入启动阶段。500kA 电解槽在新建铝电解厂首批 1~2 台电解槽无法获得液态电解质的情况下，采用干法启动方式。一般情况下则采用湿法启动方式。

在首批 500kA 电解槽干法启动时，需要严格控制阳极的抬升高度和阳极中缝冰晶石的添加量，避免过度抬升阳极造成爆炸事故和中缝冰晶石量过大而无法快速熔化。除首批干法启动电解槽外，其余 500kA 电解槽在湿法启动过程中，灌入的液态电解质一定要足量，且灌入电解质后阳极抬升过程中要做到一次到位，避免"多次少量"抬升造成的电解质在炉膛内流动不畅问题。

正常 500kA 电解槽在启动过程中采用湿法无效应方式，在具体操作时要避免槽电压过高和人为干扰，确保装炉物料顺利熔化。针对部分位置物料大面积熔化现象，可人为补充适量冰晶石。

## 2.2 焙烧启动流程

500kA 电解槽焙烧启动流程如图 2-1 所示。

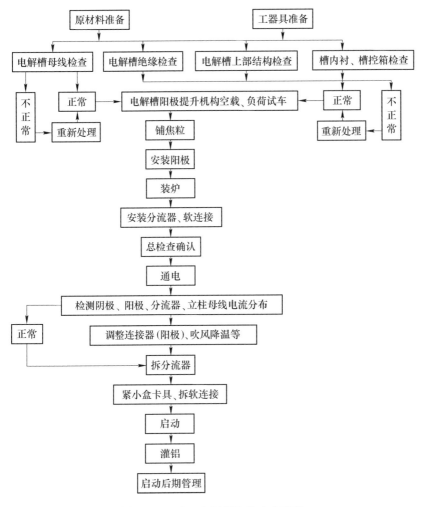

图 2-1  500kA 电解槽焙烧启动流程

## 2.3 焙烧启动物料

### 2.3.1 物料用量

500kA 电解槽在焙烧启动前需准备大量的物料。其中，焦粒、破碎电解质块、冰晶石及液体铝液用量根据现场实际确定。500kA

电解槽焙烧启动物料基本用量见表 2-1。

**表 2-1　500kA 电解槽焙烧启动物料基本用量**

| 原料名称 | 铺焦、装炉 | 焙　烧 | 启　动 |
|---|---|---|---|
| 阳极块/块 | 48 | — | — |
| 焦粒/t | 1.2 ~ 1.5 | — | — |
| 石墨碎/t | 0.2 ~ 0.6 | — | — |
| 破碎电解质块/t | 约2 | — | — |
| 纯碱/t | 2 ~ 3 | — | — |
| 氟化钙/t | 1.5 | — | — |
| 冰晶石/t | 约30 | — | 根据现场需要而定 |
| 液体电解质/t | — | — | 16 |
| 液体铝/t | — | — | 约32 |

## 2.3.2　物料标准

冰晶石应符合 GB4291—2007 要求。高摩尔比冰晶石应符合 GB4291—2007 二级品（CH-1）以上要求，普通冰晶石应符合 GB4291—2007 二级品（CM-1）以上要求。冰晶石化学成分和物理性能应符合表 2-2 的规定。装炉冰晶石摩尔比一般要求为 2.8 ~ 3.0，如采用低摩尔比冰晶石，则需增加碳酸钠用量。

**表 2-2　冰晶石化学成分和物理性能**

| 牌号 | 化学成分（质量分数）/% | | | | | | | | | 物理性能/% |
|---|---|---|---|---|---|---|---|---|---|---|
| | F | Al | Na | $SiO_2$ | $Fe_2O_3$ | $SO_4^{2-}$ | CaO | $P_2O_5$ | 湿存水 | 烧减量（质量分数） |
| | 不小于 | | | 不大于 | | | | | | |
| CH-0 | 52 | 12 | 33 | 0.25 | 0.05 | 0.6 | 0.15 | 0.02 | 0.20 | 2.0 |
| CH-1 | 52 | 12 | 33 | 0.36 | 0.08 | 1.0 | 0.20 | 0.03 | 0.40 | 2.5 |
| CM-0 | 53 | 13 | 32 | 0.25 | 0.05 | 0.6 | 0.20 | 0.02 | 0.20 | 2.0 |
| CM-1 | 53 | 13 | 32 | 0.36 | 0.08 | 1.0 | 0.6 | 0.03 | 0.40 | 2.5 |

注：1. 数值修约比较按 GB/T 1250 第5.2 条规定进行，修约数位与表中所列极限数位一致；
　　2. 表中规定的各指标，需方如有特殊要求，可由供需双方协商解决。

碳酸钠应符合 GB210.1—2004 的规定。碳酸钠指标见表 2-3。

**表 2-3  碳酸钠指标要求**

| 指 标 项 目 | I 类 | II 类 | | |
|---|---|---|---|---|
| | 优等品 | 优等品 | 一等品 | 合格品 |
| 总碱量（以干基的 $Na_2CO_3$ 的质量分数计）/% | ≥99.4 | ≥99.2 | ≥98.8 | ≥98.0 |
| 总碱量（以湿基的 $Na_2CO_3$ 的质量分数计）/% | ≥98.1 | ≥97.9 | ≥97.5 | ≥96.7 |
| 氯化物（以干基的 NaCl 的质量分数计）/% | ≤0.30 | ≤0.70 | ≤0.90 | ≤1.20 |
| 铁（Fe）的质量分数（干基计）/% | ≤0.003 | ≤0.0035 | ≤0.006 | ≤0.010 |
| 硫酸盐（以干基的 $SO_4^{2-}$ 的质量分数计）/% | ≤0.03 | ≤0.03 | — | — |
| 水不溶物的质量分数/% | ≤0.02 | ≤0.03 | ≤0.10 | ≤0.15 |
| 堆积密度/g·mL$^{-1}$ | ≥0.85 | ≥0.90 | ≥0.90 | ≥0.90 |

氟化钙应符合 GB/T 27804—2011 的 II 类一等品以上要求，氟化钙化学成分要求见表 2-4。

**表 2-4  氟化钙化学成分要求**（质量分数）

| 项 目 | I 类 | II 类 | |
|---|---|---|---|
| | | 一等品 | 合格品 |
| 氟化钙/% | ≥99.0 | ≥98.5 | ≥97.5 |
| 游离酸（以 HF 计）/% | ≤0.10 | ≤0.15 | ≤0.20 |
| 二氧化硅（$SiO_2$）/% | ≤0.3 | ≤0.4 | — |
| 铁（以 $Fe_2O_3$ 计）/% | ≤0.005 | ≤0.008 | ≤0.015 |
| 氯化物（Cl）/% | ≤0.20 | ≤0.50 | ≤0.80 |
| 磷酸盐（$P_2O_5$）/% | ≤0.005 | ≤0.010 | — |
| 水分/% | ≤0.10 | ≤0.20 | — |

焦粒应为煅后石油焦，粒度为 3~5mm，焦粒和石墨碎配比 8:2 或 7:3。

阳极炭块组应符合：阳极导杆垂直、磷铁浇铸合格、阳极底掌平整无杂物度、爆炸焊口无开裂。

启动过程中添加的冰晶石也可用电解质块代替。若电解质块摩尔比较低，则需增加碳酸钠用量。

## 2.4 焙烧启动用工器具

500kA 电解槽在焙烧启动过程中所用工器具大致分为四类。第一类是通电和分流器具，包括不停电开关、铝（铜）制软连接、钢（铜）制分流片、软连接或分流片压接工具、绝缘撬杠、绝缘螺杆及一定规格套筒等；第二类是生产作业类器具，包括一定数量的炭渣箱、手推车、电解质车、工具架、大耙、大扳手、棘轮扳手、漏铲、铁钎、长钩等；第三类是电解质抽取和转运工具，包括一定数量专用真空抬包、包座、耐压橡胶管、快插接头等；第四类是测量器具，包括红外测温仪、测温表、铠装热电偶及一定数量钢管等。500kA 电解槽焙烧启动用基本工器具见表2-5。

表 2-5 500kA 电解槽焙烧启动用基本工器具

| 序号 | 名 称 | 备 注 |
|---|---|---|
| 1 | 炭渣箱 | |
| 2 | 效应棒箱 | |
| 3 | 架子车 | |
| 4 | 架子车轮 | |
| 5 | 电解质车 | 带桶 |
| 6 | 手推车 | |
| 7 | 工具车 | |
| 8 | 工具架 | |
| 9 | 大耙 | |
| 10 | 三尺耙 | |
| 11 | 扒料耙 | |
| 12 | 漏铲 | |
| 13 | 扁铲 | |
| 14 | 大勺 | |
| 15 | 长钩 | |
| 16 | 钎子 | |
| 17 | 兑子 | |

| 序号 | 名 称 | 备 注 |
|---|---|---|
| 18 | 兜尺 | |
| 19 | 棘轮扳手 | |
| 20 | 撬杠及套筒（大） | |
| 21 | 撬杠及套筒（小） | |
| 22 | 大扳手（烟锅头） | |
| 23 | 铺焦粒框 | |
| 24 | 中缝盖板 | |
| 25 | 玻璃纤维毯 | 或石棉板 |
| 26 | 分流器 | 可分为钢制或铜制 |
| 27 | 软连接 | 可分为铝制或铜制 |
| 28 | 不停电开关 | |
| 29 | 快插接头 | |
| 30 | 槽控箱防护架 | |
| 31 | 手持测温仪 | |
| 32 | 铠装热电偶 | |
| 33 | 对讲机 | |
| 34 | 残极托盘 | |
| 35 | 抬包底座 | |

　　需要注意的是，500kA 电解槽在焙烧启动前，应充分准备效应棒、无磁扳手、阳极挂耳、一定规格数量壳面块等备用工具、零件、应急物资，并保证上述物资放置在易获取的位置。

## 2.5　电解槽检查

　　电解槽检查包括以下部分：

　　（1）电解槽外观。焙烧启动前，500kA 电解槽炉膛及周围的灰尘杂物应彻底清理干净，槽壳及槽上部无杂物，各机构运转灵活、到位，电解槽槽下地坪干净无杂物，各部件紧密连接。

　　（2）炉膛尺寸。第一次投用的 500kA 电解槽，炉底水平高度正负误差绝对值不大于 10mm，炉腔纵向尺寸和横向尺寸正负误差绝对值不大于 1.5mm，人造伸腿、阴极炭块间缝应保证无缺陷。

（3）母线安装。500kA 电解槽焙烧启动前，必须检查短路口母线连接、短路口拆卸及安装情况，保证阳极水平母线水平无倾斜，确保阳极导杆与水平母线压接面光洁，同时槽周母线、立柱母线及阳极水平母线铝软带、铝分流片焊接无漏焊、气孔等。另一方面，应该严格检查和测试电解槽对地、各处母线对电解槽槽体绝缘状况，消除槽体接地和母线与槽体绝缘不良问题。

（4）供风系统。

1）检查并确认供风管路通畅、无漏风现象，各处开关安装牢固、齐全。

2）检查 500kA 电解槽上部气动管网。确认无误后，固定打壳锤头和下料器钟罩阀，切断电解槽气动管网气源，避免启动过程中，高温引起的供气软管爆裂问题。

3）检查排烟管风量转换阀，确保其在电解槽启动后能够正常开启。

（5）供料系统。检查并确认电解槽槽体上部供料溜槽工作状态，保证槽上部料箱密封良好，打料过程无漏料，料箱无冒料问题。

（6）绝缘部分。在焙烧启动前，要求保证 500kA 电解槽上部结构各部件间、上部结构与阴极内衬间、单台电解槽槽体对地及其他各绝缘部位的电阻值不低于设计值（在实际检测时，一般要大于 $500M\Omega$）。

（7）槽控机。在焙烧启动前，槽控机管理人员应检查 500kA 电解槽槽控机联机动作及效应灯情况，确认控制面板功能无异常，保证电解槽预警、状态指示、手动等指令按程序执行。发出相关指令后，应确认指示灯正确与否。

（8）打壳下料系统。在焙烧启动前，检查并确认 500kA 电解槽打壳锤头动作正常，上升或下降过程中无过慢和磕碰现象；测量并确认各处料箱的定容下料量符合 1.8kg/次（或 1.2kg/次）设计要求。在确认无误后，应将打壳锤头升至最高位置并固定，防止锤头下落，同时确保料箱下料器钟罩阀关闭并固定，防止焙烧启动过程中漏料。

（9）阳极升降机构。在焙烧启动前，应该在所有 500kA 电解槽开展全阳极负重升降实验。实验时，相关人员操作槽控机升降按钮使阳极水平母线往返两个满行程。在阳极升降机构动作时，应判断升降机构有无振动和噪声，观察传动轴有无摆动状况。完成升降动作后，观察水平母线各焊接部位有无开裂现象，发现存在上述问题时，应做好记录并跟踪处理。

## 2.6 铺焦挂极作业

电解槽清理炉膛后，由专人负责调整阳极水平母线，调整后的阳极水平母线应距离母线下限位 50mm。完成上述动作，应关闭槽控机动力电源，继而关闭槽控机控制柜，并在槽控机控制柜相应位置贴封条。

负责铺设焦粒的人员，应根据 500kA 电解槽中心线确定挂载在两侧水平母线上的炭阳极边线。确定后，放置焦粒铺设铁框。根据实践经验，铺设焦粒并挂载阳极的顺序一般为 A24、B24、…、A11、B11、…、A1、B1。

一般情况下，负责铺设焦粒的人员自 500kA 电解槽烟道端向出铝端铺设焦粒。焦粒铺设框平整地放置在对应阳极炭块的正投影区域。在铺设焦粒过程中，应该注意以下三点：

（1）一般情况下，铺设的焦粒表面保持水平即可。但是，经过实践，利用锯齿形刮板使焦粒层的横截面呈锯齿形更有利于炭阳极底面与焦粒层的接触，且焦粒层平均厚度基本保持在 20mm 左右。

（2）需要注意的是，每铺设完成一块炭阳极对应投影处的焦粒，炭阳极就应该及时放置在焦粒层上部。

（3）建议使用四角高度可调的铺焦粒框。

作业人员挂装阳极过程中，应按照以下程序进行：

（1）用压缩空气吹扫阳极底掌，保证阳极底掌干净无异物。

（2）使用多功能机组挂装阳极时，要保证阳极炭块缓慢下落，垂直落在焦粒层表面。

（3）将已放在焦粒层上的阳极重新吊起，铺焦人员检查焦粒层表面压痕,并在无压痕部位撒适量焦粒找平。

(4) 挂装阳极炭块人员指挥多功能机组,重新将阳极炭块落在找平后的焦粒层上,阳极炭块应尽可能压实焦粒。

(5) 挂装阳极时,保证阳极导杆与对应水平母线之间存在 1 ~ 3mm 间隙。

(6) 铺设焦粒和挂装阳极完成后,挂装阳极作业人员应在阳极导杆靠出铝端一侧,以阳极对应的水平母线下沿为起点,利用三角尺在阳极导杆上划水平线,初次标定阳极位置。

铺设焦粒时,每挂装一块阳极,都应及时清除阳极底掌投影外侧的所有焦粒。如图 2-2 所示,焦粒层应在对应阳极投影基础上,各边外扩 20mm,焦粒平均厚度 20mm。

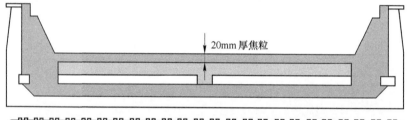

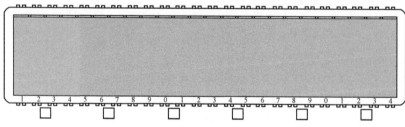

图 2-2 铺设焦粒示意图

铺设焦粒人员和挂装阳极人员应在完成作业后,记录作业过程中存在的问题。

## 2.7 装炉作业

### 2.7.1 埋设测温套管

在 500kA 电解槽出铝口、烟道端及 A、B 面水平母线的对应位置埋设 10 根测温套管，目的是在焙烧启动过程中插入热电偶测温。埋设过程中，测温套管应相对于作业面倾斜，不与阳极炭块接触。测温套管埋设好后，应将测温管上端堵好，并确保启动前所有测温套管均被取出。500kA 电解槽埋设测温套管位置如图 2-3 所示。

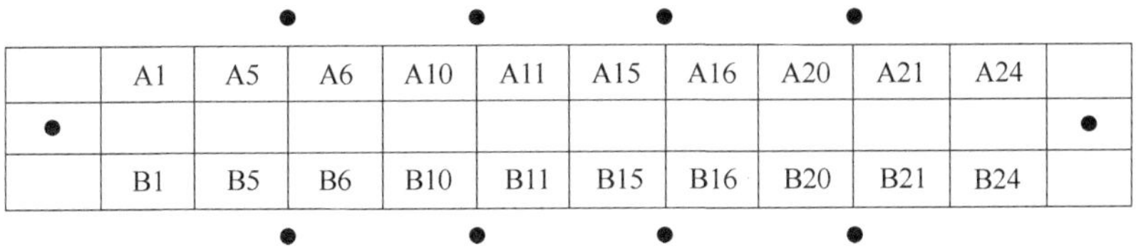

| | A1 | A5 | A6 | A10 | A11 | A15 | A16 | A20 | A21 | A24 | |
|---|---|---|---|---|---|---|---|---|---|---|---|
| | | | | | | | | | | | |
| | B1 | B5 | B6 | B10 | B11 | B15 | B16 | B20 | B21 | B24 | |

图 2-3　测温套管安装位置示意图

### 2.7.2　封堵阳极间缝隙

　　铺设焦粒、挂装阳极作业结束后，装填物料前，作业人员利用一定规格壳面块封堵电解槽阳极中缝。6 处下料点位置留出的孔洞利用一定尺寸的钢板覆盖。A、B 作业面的阳极立缝、间缝用裁剪成条状的石棉毯遮挡。电解槽出铝口、烟道端中缝利用钢板或石棉板覆盖。

### 2.7.3　装填物料

　　（1）利用一定粒度的电解质块和冰晶石，在 500kA 电解槽出铝口、烟道端中缝砌好液态电解质通道，通道顶部用钢板或石棉板覆盖。

　　（2）在人造伸腿上均匀覆盖 1.5t 左右的氟化钙，再用一定粒度（30 ~ 50mm）的破碎电解质块覆盖在氟化钙上面（覆盖层厚度约为 300mm），在破碎电解质块覆盖层上部再均匀装入 1 ~ 2t 纯碱。

　　（3）在完成（2）所述的作业内容后，要用高摩尔比冰晶石覆盖阳极表面和电解槽炉膛的剩余空间。其中，阳极表面的高摩尔比冰晶石覆盖层厚度一般控制在 50mm 左右。电解槽阳极中缝的高摩尔比冰晶石要完全覆盖阳极表面，一般至阳极钢爪下沿为宜；电解槽四周作业面的高摩尔比冰晶石覆盖层一般要能够完全覆盖阳极边部。

### 2.7.4  安装软连接

安装软连接时，应该注意以下要点：

（1）作业人员要预先对阳极水平母线、阳极导杆及软连接对应的压接面进行清洁，并用细砂纸打磨。

（2）安装完软连接后，测试软连接与阳极导杆、水平母线的压接性能，确保各接触面压降不大于 10mV。

（3）在固定软连接时，作业人员要为软连接留有一定的伸张空间，避免焙烧过程中，软连接过度张紧。

（4）在安装完软连接前，作业人员应该考虑将各软连接固定在易安装、易拆卸的位置。

### 2.7.5  安装分流器

分流器安装应注意以下要点：

（1）分流器安装前需要清理立柱母线、对应水平母线所有压接面。

（2）安装时，分流器的一端用 U 形卡具固定在焙烧启动电解槽阳极水平母线的对应位置，另一端用门形卡具固定在下一台电解槽对应立柱母线的对应位置。

（3）安装分流器过程中，作业人员需要利用绝缘耐热材料，将分流器的每个分流片隔开，避免分流时发生分流器熔断事故。焙烧启动现场也需要准备耐压橡胶管，必要时可以利用压缩空气对分流器进行强制冷却。

## 2.8  通电焙烧

通电焙烧环节是 500kA 电解槽焙烧启动的关键环节。在实际生产中，一般分为首批电解槽的通电焙烧和系列全电流条件下的通电焙烧。

### 2.8.1  首批电解槽的通电焙烧

一般情况下，首批 500kA 电解槽完成装炉作业后，断开短路口。

在具备通电条件时，为系列母线送电，并逐步升高电流强度。首批通电的 500kA 电解槽，开始带电时的电流强度一般为 100kA 左右，0.5~1h 后，电流强度升至 150~200kA；2~4h 后，电流强度升至 300kA 左右；直至通电 24h 后，首批通电的电解槽电流强度升至 500kA。

需要注意的是，作业人员要在系列电流强度升高的全程，严格监控首批通电电解槽电流分布，避免出现电解槽阳极严重偏流。

### 2.8.2 全电流条件下的通电焙烧

除首批电解槽外，其余 500kA 电解槽的通电焙烧都是在 500kA 电流强度下进行，这些电解槽在通电过程中，利用不停电开关实现短路口断开，通电初期利用分流器对系列电流进行分流，实现电解槽炉膛温度的逐步升温。

### 2.8.3 焙烧管理

首批电解槽通电时，需要监控通电时的冲击电压。一般情况下，首批 500kA 电解槽的通电冲击电压不大于 6V。在实际操作过程中，若首批电解槽通电冲击电压超过 6V 并升高，就应暂缓升高电流，待电压稳定并下降后，再继续升高系列电流强度。

系列全电流条件下，500kA 电解槽通电焙烧冲击电压一般不大于 6V。通电冲击电压过高时，应该考虑暂缓通电，待查明原因，消除隐患后再考虑继续通电。

作业人员应加强通电后的电解槽电压和阳极电流分布监控。重点监视软连接、分流器压接处温度，一旦发现问题，应立即有针对性地处理。情况严重时，立即汇报相关负责人员。

500kA 电解槽通电焙烧的时间一般控制在 48~72h。以焙烧时间 72h 为例，500kA 电解槽的焙烧电压变化参考值见表 2-6。

表 2-6    500kA 电解槽焙烧时间与焙烧电压参考数据

| 项　目 | 数　　值 | | |
| --- | --- | --- | --- |
| 焙烧时间/h | 24 | 48 | 72 |
| 焙烧电压/V | 5.0~3.0 | 3.5~2.5 | 2.5~2.0 |

500kA 电解槽通电焙烧时间不小于 48h，阳极中缝中部的平均温度一般达到 950℃左右。

系列全电流条件下，500kA 电解槽分流器拆除应遵照以下原则：

（1）电解槽电压低于 3.5V 后开始拆除分流器。拆除前要确保焙烧温度、阳极电流分布相对均匀，钢爪无发红现象。

（2）分流器的拆除要求为"由外向内，两组拆卸"。即先拆第一处、第六处立柱母线位置分流器；再拆第二处、第五处立柱母线位置分流器；最后拆第三处、第四处立柱母线位置分流器。分流器拆除过程中，由专人监控电解槽电压，若拆除时，电压上升幅度大于 0.5V，就必须立即停止拆除分流器作业。

焙烧启动过程中，若阳极表面裸露或壳面有冒火，应及时用冰晶石或电解质块覆盖。

焙烧启动过程中，若出现多组阳极电流分布不均匀，可以通过以下途径处理：

（1）通过适度调整软连接压接卡具压紧力，调整单个阳极电流分布。

（2）电流分布严重不均匀时，可考虑适当降低系列电流强度。

（3）针对单个阳极偏流甚至阳极钢爪发红的问题，可以考虑暂时断开软连接的一端，但断开时间应不大于 60min。

一般情况下，500kA 电解槽在启动前的 3～5h，即可安装紧固小盒卡具。紧固小盒卡具工作结束后，开始拆卸软连接。在拆卸软连接过程时，注意防止发生工器具及软连接在水平母线与导杆间的短路现象。

500kA 电解槽启动前必须复紧小盒卡具。在复紧过程中，作业人员需要擦去阳极导杆上的初始定位线，并从出铝端阳极开始，沿阳极水平母线下沿，重新标定每个阳极的位置。

复紧小盒卡具前后，作业人员必须测量电解槽的阳极电流分布情况，针对部分偏流的阳极应暂缓复紧并做好标记。未复紧的卡具在抬升阳极前必须复紧并做好确认。

## 2.9 电解槽启动

### 2.9.1 启动前应具备的条件

启动前应具备的条件为：

（1）作业人员首先要测量待启动电解槽各处的温度：

1）对首批干法启动电解槽来讲，焙烧时间不小于48h，中缝电解质温度一般应在950℃左右，槽边部作业面平均温度一般应不低于700℃。

2）对后续湿法启动电解槽来讲，时间不小于48h，电解槽阳极中缝平均温度应在930℃左右，槽边部作业面平均温度一般应不低于600℃。

（2）干法启动电解槽在抬升阳极前，中缝内的液态物质高度应达到25cm以上，并贯通整个阳极中缝，且电解槽四周作业面添加的冰晶石开始持续熔化。

（3）相关人员要确认供料系统、提升机构、槽控机完好。

（4）确认槽控机、气控柜、短路口、门形立柱绝缘材料等关键设备和部位都被有效保护，确认电解槽水平母线上下限位、四周绝缘材料保护完好。

（5）启动前，相关负责人员需要确认启动用物料，应急工器具到位。

（6）启动前，应该确认电解槽所有槽壳温度高于100℃的部位均采取防漏处理。

（7）作业人员需要确认阳极小盒卡具紧固程度。

（8）启动前，现场负责人员需要确认所有参与启动的作业人员安全防护全部到位。

### 2.9.2 启动

针对具备启动条件的首批干法启动电解槽来讲，抬升阳极时应该既谨慎又果断，尽可能一次性将阳极抬升至预期位置，避免多次抬升阳极过程中出现电解质凝固问题。

针对湿法启动的电解槽，启动前需要完成以下步骤：

（1）作业人员要提前在电解槽出铝端和烟道端分别掏出灌液态电解质的通道和观察口，并在通道外围利用冰晶石构筑围堰。

（2）作业人员利用真空抬包从其他电解槽中抽取液体电解质，并向启动电解槽冰晶石构筑的围堰内灌入液体电解质。一般情况下，首次灌入 8～10t 液态电解质后即可抬升阳极。

（3）500kA 电解槽抬升阳极前，必须确认首次灌入的液态电解质已经贯通阳极中缝并蓄积到一定高度。在抬升阳极过程中，抬升速度和液态电解质灌注速度应保持一致。第一包液态电解质灌入后，槽电压应该升至 5.0～5.5V。第二包或第三包液态电解质灌入后，相关人员应该将槽电压升至 6.5～7.5V。随后，一般不再调整槽电压。

（4）抬升阳极过程中，作业人员要不断巡视，确保所有阳极无下滑等异常问题。灌完第一包液态电解质后，作业人员应复紧一次小盒卡具，并测量一次阳极电流分布并做好记录。

（5）在完成抬升阳极作业后，随着装炉物料熔化，作业人员应不断将阳极炭块上的冰晶石扒入电解槽内，同时向物料完全熔化位置添加冰晶石。启动过程中相关作业人员必须从已化开部位、出铝口及烟道端持续捞取浮起的焦粒和炭渣。

（6）尽管采用湿法无效应启动方式，但在启动过程中，部分电解槽可能会出现电压持续升高（最高时可能达到 35V 左右）现象。针对此类问题，一般可以通过插入效应棒、撒入冰晶石和氧化铝混合物等方式处理。当槽电压过高时，可以谨慎降低槽电压（必须记录阳极移动距离，以便恢复）。

面对上述问题，一般不要急于采取其他措施，可以令高电压保持一段时间，待电解槽中物料尽可能熔化后，再采取必要措施使电压降低到正常水平。采取以上措施的好处在于可以促进物料熔化，促使阳极底部的焦粒和炭渣浮出，当槽电压恢复正常后，必须尽力捞出炭渣。

（7）500kA 电解槽在启动末期，就应该开启系统下料程序。一般情况下，采用 1.8kg 下料器的 500kA 电解槽的定时下料间隔控制在每次 80s 左右，采用 1.2kg 下料器的 500kA 电解槽的定时下料间隔控制在每次 53s 左右。

（8）500kA 电解槽在启动末期，灌入铝液前，应将槽电压逐步下调至 5.5~6.0V。

（9）500kA 电解槽在启动期内，应每天分析电解质成分。现场作业人员要根据电解质摩尔比情况加入纯碱，使摩尔比处在较高水平，目的是形成高摩尔比炉帮。

### 2.9.3 500kA 电解槽启动过程注意事项

500kA 电解槽启动过程的注意事项包括：

（1）作业人员必须严格控制电解质温度，避免电解质过热和炭渣分离不清。一般情况下，应该将启动初期电解质温度控制在 990~1000℃。

（2）作业人员应该定时检查启动初期电解槽阳极工作情况，避免发生阳极脱极、小盒卡具损坏致使阳极下滑、脱极问题。

（3）启动后，作业人员需要定期监控 500kA 电解槽阴极钢棒、侧部、槽底温度。对部分渗漏或侧部温度过高的电解槽要进行槽壳强制冷却。

### 2.9.4 灌入铝液

500kA 电解槽在启动 24h 后开始灌铝，铝液灌入量为 28~32t（建议一次性灌入）。灌入铝液前槽电压保持 5.5~6.0V，灌入铝液后槽电压保持 5.0V。在正常情况下，灌入铝液后，500kA 电解槽的铝水平保持在 20~22cm。

灌入铝液作业结束后，待电解质表面形成薄结壳，作业人员根据电解质摩尔比分析数据，往电解槽内添加碳酸钠（添加量一般控制在 1t 左右），随后覆盖一定粒度壳面块和氧化铝保温料，最后完成电解槽收边整形，清理现场，但不要急于盖密封罩板。

500kA 电解槽灌铝后 3h 开始取原铝试样，此后每 1 天取样分析 1 次。当原铝液中铁含量降至 0.2% 以下，硅含量降至 0.08% 以下时即可转入正常分析状态。

500kA 电解槽启动后，原则上在灌入铝液后的第二天开始出铝，但出铝量要根据电解槽运行状况确定。

## 2.10 启动后期管理

### 2.10.1 启动后期电压调整

启动后期的 500kA 电解槽在加强保温的基础上，要尽快降低设定电压。根据实践经验，可以在启动后 15 天，将 500kA 电解槽设定电压降至 3.98~4.02V。500kA 电解槽启动后期电压管理计划可以参照表 2-7 数据。

表 2-7　500kA 电解槽启动后期电压管理计划

| 时　间　点 | | 500kA 电解槽设定电压/V |
| --- | --- | --- |
| 启动结束 | | 6~7 |
| 启动后 8h | | 6~6.5 |
| 24h 后一次性灌铝 | 灌铝前 | 5.5~6 |
| | 灌铝后 | 5 |
| 启动后 15 天 | | 3.98~4.02 |

表 2-7 中的 500kA 电解槽设定电压可根据现场实际情况适当调整。同时，相关负责人员在降低设定电压过程中，应保证电解槽稳定。一般情况下，应确保电解槽针振数值不超过 20mV，摆动数值不超过 10mV。

若降低设定电压过程中，电解槽针摆数值过大，相关人员需减少设定电压降低次数和幅度，待电解槽运行电压稳定后再降电压；启动后期，若电解槽炉底压降有上升趋势或炉底沉淀增多，就需要慎重降低设定电压；当电解槽电解质温度、电解质高度等参数出现大幅波动时，需要及时分析并解决上述问题，待电解槽运行稳定后，再调整设定电压。

### 2.10.2 启动后电解质成分控制

500kA 电解槽启动后期的成分控制重点是调整电解质中氟化铝

含量（摩尔比）。根据现场实践经验，500kA 电解槽在启动后的前四周，一般不添加氟化铝。500kA 电解槽启动后期摩尔比调整参见表2-8。

表 2-8 500kA 电解槽启动后期摩尔比保持计划

| 时 间 | 启动后前 4 周 | 第二月 | 第三月 |
|---|---|---|---|
| 摩尔比 | 2.7 ~ 3.0 | 2.6 ~ 2.7 | 2.35 ~ 2.55 |

注：摩尔比是氟化钠与氟化铝摩尔比，不包含锂盐和其他碱金属因子权重。

### 2.10.3 温度控制

启动初期的 500kA 电解槽电解质温度一般保持在 970 ~ 980℃；灌入铝液、逐步降低设定电压后，电解质温度逐步降至 935 ~ 950℃。为了形成良好的炉帮，电解质的过热度要控制在 5 ~ 10℃范围内。

### 2.10.4 氧化铝浓度控制

在启动后期，从减少沉淀和保证电解槽稳定运行角度出发，500kA 电解槽的氧化铝浓度应该逐步向 1.5% ~ 2.5% 区间靠拢。

为了有效控制氧化铝下料量，500kA 电解槽控制系统在启动后即进入效应等待状态（AE）。灌入铝液，发生首个阳极效应后，开启控制系统浓度下料模式。其中，1.2kg 下料器 500kA 电解槽浓度下料间隔（NB）基本设置在 53s/次，1.8kg 下料器 500kA 电解槽下料间隔基本设置在 80s/次，而后相关人员应及时根据效应情况调整下料间隔。

### 2.10.5 铝水平/电解质水平保持

500kA 电解槽的电解质水平和铝水平对保证电解槽热平衡和磁场稳定有非常重要的作用。保证足量的电解质对氧化铝的溶解和炉帮的形成意义重大；适量的铝液对维持电解槽热平衡，促进炉帮形成，稳定磁场具有重要作用。表 2-9 为 500kA 电解槽启动后期两水平参照表。

表 2-9　500kA 电解槽启动后期两水平参照表

| 周　次 | 第一周 | 第二周 | 第三周 | 第四周 | 第一月以后 |
|---|---|---|---|---|---|
| 电解质水平/cm | 30 ~ 35 | 26 ~ 30 | 23 ~ 26 | 20 ~ 23 | 18 ~ 21 |
| 铝水平/cm | 18 ~ 20 | 19 ~ 21 | 21 ~ 22 | 22 ~ 23 | 23 ~ 24 |

### 2.10.6　阳极效应管理

500kA 电解槽灌入铝液后，发生的第一个阳极效应要认真对待。此阳极效应发生时，除效应电压偏高外，尽量不要进行人工干预，待效应电压稳定在 20V 左右，时间持续 10 ~ 15min 后，人工熄灭效应。第一个阳极效应对清洁阳极底部和电解质有重要作用。

转入正常生产的 500kA 电解槽阳极效应系数应该控制在 0.05 次/（槽·日）以下。

## 2.11　焙烧启动期间数据测量

焙烧启动期间需测量的数据有：

（1）焙烧温度。500kA 电解槽从通电焙烧开始，每 8h 测量 1 次炉膛各点温度。焙烧 48h 后，每 4h 测量 1 次炉膛各点温度。

（2）阳极电流分布。500kA 电解槽自通电焙烧开始，每隔 1h 测量 1 次阳极电流分布。焙烧 24h 后，每隔 2h 测量 1 次阳极电流分布。作业人员在测量过程中，应标识通过电流过大或过小的阳极，并及时采取措施，记录处理时间、措施和处理结果。

（3）阴极电流分布。500kA 电解槽在焙烧末期、启动前测量 1 次阴极电流分布。电解槽启动两天后，每天测量 1 次阴极电流分布，并连续测量 1 周。电解槽转入正常生产后，作业人员需要根据铝液中铁含量情况确定是否需要测量阴极电流分布。一般情况下，当铝液中铁含量大于 0.2% 时，每天测量 1 次阴极电流分布。

（4）炉底钢板温度。500kA 电解槽在焙烧末期、启动前，需测量 1 次炉底钢板温度。随后，启动后第一周每天测量 1 次，第二周每两天测量 1 次。当部分电解槽炉底钢板温度超过 150℃时，作业人员要对炉底过热部位强制风冷，并持续监控。

（5）阴极钢棒、侧壁温度。500kA 电解槽焙烧末期、启动前 2h 测 1 次阴极钢棒和侧壁温度；通电后 24h 内，每 8h 测量 1 次阴极钢棒和侧壁温度。24h 后，每 4h 测量 1 次阴极钢棒和侧壁温度，共测试 72h；第四天开始，每 8h 测量 1 次阴极钢棒和侧壁温度，连续测量 1 周。测量过程中，作业人员应对温度高于 250℃的阴极钢棒和侧壁部位进行强制风冷，并持续监测。

（6）电解质温度、两水平。500kA 电解槽在灌入电解质后，每 4h 测量 1 次电解质温度、电解质高度；灌入铝液后，每天测量 1 次电解质温度和两水平。

## 2.12　500kA 大型预焙电解槽的二次启动

500kA 大型预焙电解槽的二次启动提出的最大的考验和挑战就是如何加强二次启动电解槽的研究，提高二次启动的成功率。为此，建议重点从以下几方面着手。

### 2.12.1　停槽后的处置

各种材质的线膨胀系数不同而产生较大热胀冷缩差异。焙烧启动升温时，由于阴极钢棒的线膨胀系数远大于阴极炭块，使槽壳膨胀时也使阴极炭块可能向上隆起。电解槽停槽后，由于断开了直流电，没有了热收入，槽体温度会急剧下降，阴极钢棒的收缩系数比炭块的收缩系数大，而使阴极炭块在长度方向（即电解槽短轴方向）收缩相对较小，同时在槽体收缩力作用下，阴极炭块可能出现断裂。因此，停槽后损坏的电解槽需要维修，严重时要进行大修，造成较大的经济损失。

为了解决电解槽二次启动槽体不破损，停槽后可做好保温工作，使槽体温度缓慢降低，防止阴极炭块出现断裂。具体保温措施如下：

（1）停槽后，阳极及上部所有机构保持不动，在加强极上保温的同时，用物料将所有下料点全部进行封堵，以减缓热量的散失速度，避免因空气进入槽内，而造成阳极和侧部炭块氧化。

（2）停槽后，槽盖板、炉门保持不动，且将停槽区域上下窗户全部关闭，减少冷空气进入。

（3）等槽内残极出完后，再一次用氧化铝将四周伸腿及侧部进行覆盖，且在启动时间尚未确定之前，对阴极上的电解质或沉淀等暂不清理，避免阴极或侧部裸露而氧化。

## 2.12.2 通电前的准备

电解槽能否顺利二次启动，通电前的各项准备工作至关重要。

（1）电解槽的清理。在清炉时，建议设专人监督，必须严格保护侧部炉帮，将炉底表层的固体铝、沉淀结壳等彻底清理干净，凸出的部分用风镐或铲子抠平，起吊铝块时严禁强拉硬吊，以免损伤阴极，总之要想尽一切办法防止人为损坏侧部或阴极。

（2）电解槽的修补。对有明显缺陷的侧块进行人工更换修补；对有局部缺陷的阴极炭块要进行局部修补（或者局部更换）；对较为严重的阴极腐蚀坑经清理干净后反凿燕尾槽，用冷捣糊进行局部套砸处理（坚持的原则：能小修不中修，能中修不大修）。

（3）电解槽的阴极处理。对二次启动电解槽的阴极可做适当特殊处理，在通电前将阴极适当裸露数天，使阴极表面的附着物自然风化脱落，在通电前彻底清理干净阴极表面。为进一步增加阴极导电性，可使用 $\phi 20mm$ 的合金钻头，在阴极表面进行打点，点距为 $200mm \times 200mm$，深度为 $10mm$。

（4）电解槽的检查确认。启动前要对电解槽阴极母线、穿槽母线及槽膛内壁等检查确认。

（5）建立单槽档案。针对每台二次启动槽的自身特点，建立详尽的单槽档案，包括每一个坑的形状、大小、深度，每一条裂缝的长度、深度、宽度，每一处修补的措施等，都要做好详细的记录，必要时附加照片或三维图形，便于后期跟踪监控。

## 2.12.3 焦粒的铺设

二次启动槽焦粒的铺设，要严格控制焦粒厚度，用 $30mm \times 30mm$ 的小角钢制作焦粒框，用锯齿高度为 $25mm$ 的锯齿形刮板，铺焦时将焦粒框尽可能放置在阳极正投影下最低位置（说明：因为正常情况下，二次启动槽伸腿根部偏高，如果将焦粒框放在靠近伸腿根部处，要想将焦粒铺平，则会导致整个焦粒厚度的大幅增加，不利于电解槽焙烧时的缓慢升温，也是造成焙烧偏流的主要原因）。

### 2.12.4   装炉物料的调整

为了尽可能避免二次启动槽在焙烧过程中出现电解质渗漏，并使启动后快速形成炉帮，建议二次启动槽装炉物料从次序、种类及数量上进行调整。具体为：

（1）物料次序的调整。从下往上依次为：少量冰晶石—破碎块—纯碱—冰晶石。

（2）物料种类的调整。由于二次启动槽上人造伸腿已焙烧过，不用再添加氟化钙以硬化人造伸腿，并避免引起电解质中氟化钙含量的升高。

（3）物料数量的调整。物料数量的调整重点是指对装炉用碱数量的调整，即在新启动槽装碱数量的基础上增加一倍，目的是帮助二次启动槽保持较高的摩尔比，以便快速形成炉帮，降低启动风险。

### 2.12.5   二次启动槽的焙烧启动

#### 2.12.5.1   电解槽的焙烧

电解槽的焙烧重点强调两个方面：

（1）焙烧过程中各部位温度的监控测量，特别是阴极钢棒及炉底钢板温度的跟踪测量，当温度变化较大时提前加吹风管或采取其他措施进行冷却，严防启动前电解质的渗漏。

（2）焙烧过程中对电流分布的测量，注意及时调整处理导电过大或偏流明显的阳极，避免局部过热或焙烧脱极。

#### 2.12.5.2   电解槽的启动

电解槽的启动讲究低电压高极距，即在保证启动电压合理的前提下，要尽可能拉开极距，这一点对二次启动槽来说至关重要，因为足够的极距可促使热源上移，避免因压极距造成的炉底反热而冲击阴极，这对延长槽寿命极为有利。

### 2.12.6　二次启动槽的后期管理

二次启动槽经过原有一段时间的生产运行，阴极吸钠过程已经完成，电解槽启动后更希望很快转入正常生产，二次启动槽的非正常期管理只需 1 个月，在这期间要重点做好以下几方面工作：

（1）严格控制好电压。二次启动槽必须按电压下降梯度计划表尽快将电压降下来，过程中如果有问题要加大现场组织处理，减少高电压区（一般指 4.2 ~ 4.4V）的徘徊时间。

（2）保持合理的电解质温度和过热度。二次启动槽应保持合理的电解质温度，一般控制在 950 ~ 960℃，过热度控制在 5 ~ 10℃，对应的电解质状态、炉帮形成都是比较理想的。

（3）降低效应系数。这一点无论从浓度下料间隔（NB）的设置，还是从设备的保障、现场的检查巡视等方面都要更加精细地去对待，严格控制阳极效应，降低效应系数，防止和避免难灭效应或长效应的发生对整体槽况的恢复转化都是相当有利的。

（4）持续加强数据监测。由于二次启动槽破损、修补部位较多，持续加强槽下数据的监测巡视是非常必要的，要尽可能避免在启动初期发生漏炉，帮助电解槽形成良好的炉膛，提高二次启动槽的运行稳定性和安全性。

# 3 500kA 电解槽工艺管理制度

## 3.1 技术制度

500kA 电解槽由启动期转入正常生产一般需要近 3 个月的时间。在这一过程中，工艺管理人员和作业人员不仅要使启动后期的电解槽工艺条件向正常状态转变，而且需要通过规范正常生产电解槽的技术参数，使电解槽工艺条件趋于一致。

### 3.1.1 启动后期管理

500kA 电解槽启动后期需要逐步调节设定电压、两水平及电解质成分。期间，系列电流应保持在（500±2）kA，要求 1h 内电流最大波动幅值不大于 0.5kA。表 3-1 为 500kA 电解槽启动后期参照技术条件。

表 3-1　500kA 电解槽启动后期参照技术条件

| 项　目　＼　时　间 | 10 天 | 20 天 | 30 天 |
|---|---|---|---|
| 温度/℃ | 960～980 | 950～970 | 945～960 |
| 电解质水平/cm | 28～35 | 23～25 | 20～22 |
| 铝水平/cm | 17～19 | 18～20 | 20～22 |
| 摩尔比 | 2.8～3.0 | 2.8～2.9 | 2.6～2.8 |
| 设定电压/V | 4.10～4.20 | 3.98～4.02 | 3.95～4.00 |

注：摩尔比是氟化钠与氟化铝摩尔比，不包含锂盐和其他碱金属因子权重。

### 3.1.2 正常期管理

500kA 电解槽转入正常生产期后，要求系列电流应保持在（500±

2)kA，要求 1h 内电流最大波动幅值不大于 0.5kA，且电解槽主要参数要逐步向要求区间靠拢，最终实现绝大多数电解槽状态的一致性。表 3-2 为 500kA 电解槽正常期参照技术条件。

**表 3-2   500kA 电解槽正常期参照技术条件**

| 项　目 | 数　值 | 项　目 | 数　值 |
|---|---|---|---|
| 设定槽电压/V | 3.90 ~ 3.95 | 炉底压降/mV | ≤310 |
| 槽温/℃ | 935 ~ 950 | 极距/cm | 4.0 ~ 4.5 |
| 过热度/℃ | 5 ~ 10 | 效应系数/次·(槽·日)$^{-1}$ | ≤0.05 |
| 摩尔比 | 2.35 ~ 2.55 | 效应等待时间/h | ≥1000 |
| 氟化锂浓度/% | ≤3.5 | 换极周期/d | 31 ~ 32 |
| 氧化铝浓度/% | 1.5 ~ 2.5 | 极上保温料/cm | 16 ~ 18 |
| 电解质水平/cm | 18 ~ 20 | 抬母线周期/d | 16 ~ 20 |
| 铝水平/cm | 22 ~ 25 | 单槽出铝时间间隔/h | 24 |

注：1. 摩尔比是氟化钠与氟化铝摩尔比，不包含锂盐和其他碱金属因子权重（包括氟化钠、氟化锂、氟化钾与氟化铝综合物质量之比的摩尔比为 2.50 ~ 2.95）；

　　2. 变更电解槽设定电压时需由相关人员书面确定。

## 3.2   加料制度

500kA 电解槽一般在启动后第 15 天开始添加氟化铝，初期添加的量控制在 40 ~ 50kg/d。启动后 20 ~ 30 天，摩尔比控制在 2.4 ~ 2.6（不含碱金属氟化物影响）或 2.75 ~ 2.95（含碱金属氟化物影响）。

利用配套的电解铝控制系统调整 500kA 电解槽下料速率和下料量，尽可能避免人为影响。需要注意的是，500kA 电解槽控制系统中效应等待时间应大于 1000h。

## 3.3   出铝制度

正常情况下，每台 500kA 电解槽的出铝间隔为 24h。出铝前 5min，相关人员通过电解槽槽控机发出出铝信号，出铝指示量坚持周分析评判制度，避免每日出铝指示量大起大落。

## 3.4　换极制度

500kA 电解槽在新换阳极挂装过程中，安装高度比残极高度高 1.5cm，角部极高 2cm。一般要求新换阳极 16h 导杆等距压降控制在 1.2~2.5mV 间，阳极导杆与水平母线接触压降小于 8mV。

# 4  500kA 电解槽操作技术标准

## 4.1  换极技术标准

技术要求为：

（1）500kA 电解槽阳极更换顺序，见表4-1。

**表4-1  电解槽阳极更换顺序**

| 位置 | A1 | A2 | A3 | A4 | A5 | A6 | A7 | A8 | A9 | A10 | A11 | A12 |
|------|----|----|----|----|----|----|----|----|----|-----|-----|-----|
| 次序 | 1 | 5 | 9 | 13 | 17 | 21 | 23 | 3 | 7 | 11 | 15 | 19 |
| | 12 | 16 | 20 | 24 | 4 | 8 | 10 | 14 | 18 | 22 | 2 | 6 |
| 位置 | B1 | B2 | B3 | B4 | B5 | B6 | B7 | B8 | B9 | B10 | B11 | B12 |

注：由1块阳极组成的阳极组，表中每个位置包括两个导杆；由两块阳极组成的阳极组，表中每个位置包括1个导杆。

（2）新极安装位置比原残极高 1.5cm，角部极高 2cm。

（3）阳极保温料添加厚度为 16～18cm。

（4）新极更换后 24h 电流分布值（等距压降）为：2.0～2.5mV。

（5）天车在阳极侧部开口位置距侧部炭块 10～15cm，在两组残极间开口位置为两组残极间缝中心。

（6）安装新极时，换极处槽内不能有结壳块。

（7）新极更换 24h 导杆压接面压降低于 8mV。

（8）阳极更换条件为：

1）正常生产过程，达到换极周期的阳极。

2）阳极出现脱落、碎脱，裂纹或掉角程度大且严重影响原铝质量。

（9）更换阳极过程要检查的项目有：

1）残极情况：是否有化爪、掉角、裂纹等异常情况。

2）邻极情况：是否有裂纹、掉角、涮爪等异常情况。

3）换极处两水平：测量两水平。

4）炉帮情况：是否有炉帮薄甚至无炉帮等异常情况。

5）伸腿情况：是否肥大或根部有沉淀。

6）炉底情况：是否有沉淀、结壳等异常情况。

（10）新极满足使用的条件有：

1）阳极炭块质量：理化性能不低于 YS/T285—2012 牌号 TY—2 的要求。

2）阳极导杆弯曲度：每米拱度不大于15mm。

3）新极上提悬空时，钢爪无明显松脱。

（11）更换阳极必须联系计算机。

（12）阳极更换周期为 31~32 天（阳极高度620mm）。

换极作业流程如图4-1所示。

图4-1 500kA 电解槽换极作业流程

注意事项包括：

（1）使用铁质工具前必须提前预热。

（2）在换阳极过程中来效应，应暂停换极作业，待效应熄灭后再换阳极。

（3）记录新旧阳极的安装位置时，必须先检查兜尺的形状是否变形。

（4）取线时禁止将脚伸入阳极底掌下面，以免烫伤、砸伤。

（5）任何情况下，禁止任何人员脚踩在壳面上作业。

（6）人工封壳作业时必须使用绝缘脚踏板。

## 4.2　出铝技术标准

技术要求为：

（1）出铝周期为 24h。

（2）出铝过程槽电压不超过 4.30V。

（3）单槽出铝误差不大于 ±20kg。

（4）出铝前必须联系计算机。

（5）出铝风压不小于 0.45MPa。

500kA 电解槽出铝作业流程如图 4-2 所示。

注意事项为：

（1）发生效应时停止出铝，移出吸出管。

（2）吸出过程中，严禁吸出管接触阳极。

（3）当班使用的凉包必须进行预热 3min。

（4）第一次使用的新包预热时间不小于 10min。

（5）风管必须连接牢固，防止送风后弹出伤人。

（6）出铝前应将电子秤的显示数字复零。

（7）出铝前必须在槽控机上发出出铝信号。

（8）出铝抬包在多功能天车调运过程中，吸出管方向与抬包移动方向相同。

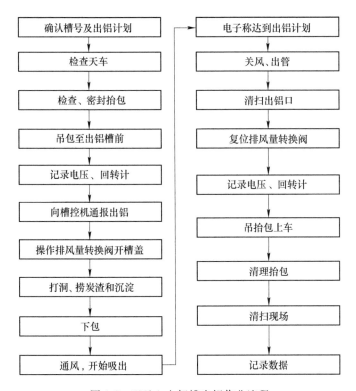

图 4-2 500kA 电解槽出铝作业流程

## 4.3 母线提升技术标准

技术要求为：

（1）提升母线周期为 16~20 天。

（2）提升母线条件为阳极水平母线降至距下限位少于 50mm。

（3）提升后水平母线位置：阳极水平母线提升后位置为距上限位 50~60mm。

（4）提升母线风压不小于 0.5MPa。

（5）提升母线过程中槽电压不能超过 4.5V。

（6）提升母线后，阳极卡具压降不大于 10mV。

（7）提升母线后，阳极导杆不得下滑。

（8）提升母线时必须联系计算机。

提升母线作业流程如图4-3所示。

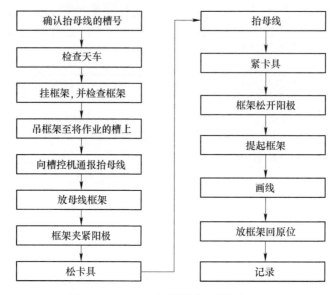

图4-3 500kA 电解槽提升母线作业流程

注意事项为：

（1）提升母线时不得进行其他作业。

（2）电解槽发生阳极效应，立即停止作业，并紧固已经松开的小盒卡具。

（3）提升母线过程不允许进行下降水平母线操作。

（4）检查阳极是否出现滑落现象。

（5）吊运框架前应进行多功能天车试车，确保钢丝绳无滑脱现象。

## 4.4 效应熄灭技术标准

技术要求为：

（1）阳极效应判断依据为：槽电压大于8V，阳极与电解质液接触面有弧光放电现象。

（2）阳极效应现象为：效应灯亮。现场自动广播系统广播"××槽效应"。

（3）效应持续时间不大于 5min。

（4）人工熄灭效应时插效应棒位置为：出铝口 A1、B1 阳极底掌，优先插入 A1、B1 阳极高度相对较低极。

（5）将作业工具及阳极效应棒放在出铝端，1 人在电解槽烟道端观察阳极效应加工，同时观察电压，若大于 30V 时适当点降电压至 20～25V。若低于 15V 且不稳定，不要急于熄灭效应，要烧 3～5min 待效应电压稳定在 18～25V 之间。

（6）打开烟道端炉门，观察下料点下料是否正常。

（7）另一人在出铝端操作打击头打开壳面，并用镐子修整洞口，待效应加工完毕，且电压稳定时，由烟道端人员指挥将效应棒插入 A1 或 B1 阳极底掌下将效应熄灭。

（8）效应后出现异常电压时，注意观察，确认槽压自然回落至设定电压附近且槽况正常后才能离开效应槽现场。

（9）熄灭效应后打捞干净炭渣。

（10）检查壳面是否有冒火现象，散热孔是否发红，阳极是否下滑，有阳极下滑情况立即通知管理人员处理。

注意事项为：

（1）电解槽发生效应时，严禁从该槽 A 面行走，以免发生短路口击穿伤人事故。

（2）效应过程中要勤巡视电压。

（3）熄灭效应不得直对出铝口，以防电解质喷溅。

（4）从效应槽前经过时，必须距离出铝口 2m 外，以防高温液体喷溅烫伤。

（5）效应棒插入炉底应尽快取出，以免将炉底沉淀搅起进入电解质形成难灭效应。

## 4.5 取样技术标准

技术要求为：

（1）取电解质试样技术要求为：

1）试样不夹杂炭渣等杂物。

2）电解质液注满电解质样模具。

3）试样放入试样盒中位置与预定的槽号相对应。

（2）取原铝试样技术要求为：

1）当取原铝试样时，用铝试样勺从电解槽内熔体 1/3 处取出铝液，在勺里摇动，以使电解质和铝液分离。

2）在试样凝固之前，将取出的试样慢慢倒入铸模，放置凝固。

3）在确认原铝试样凝固后，用手锤和字模在表面上打上槽号。

4）冷却并确认取样的槽号之后把试样装入试样盒。

5）确认在试样里没有混入灰尘、炭粒、氧化铝等杂物，铝液试样中不含电解质。出现试样不好的情况要再次取样。

注意事项为：

（1）试样放置位置要与试样盒中标号相对应，不得混乱。

（2）保证试样纯净。

（3）取样勺不能和阳极接触。

（4）取原铝试样的取样勺每 5 台槽更换一次，避免影响原铝分析结果。

# 5 500kA 电解槽测量技术标准

## 5.1 电解质、铝水高度测量技术标准

电解质高度和铝液（行业俗称"铝水"）高度是电解槽的重要技术条件之一，其测定既是决定出铝量的需要，又是掌握技术条件的需要，对于了解电解槽的运行状况，特别是热平衡状态至关重要，因此这项工作也是操作工人和管理人员需要天天进行的。

其技术要求包括：

（1）测量位置为出铝口和更换阳极的极下位置。

（2）测量时架在水平测量钎上的水平尺气泡处于中间位置，如图 5-1 所示。

（3）水平测量钎扎入槽内静置时间为 10~15s。

（4）以电解质与铝液在测量钎上的分界线为测量点。

（5）测量取值以 1cm 为测量单位。

（6）每天出铝口测量 1 次，更换阳极新极极下测量 1 次。

（7）每周对出铝口和极下所测数据进行统计和比对。

（8）测量记录提交相关人员，按规程输入计算机系统。

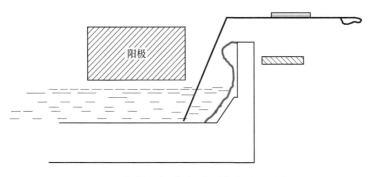

图 5-1 电解槽电解质/铝水平高度测量示意图

注意事项有：

（1）测量工具要预热，防止发生爆炸。

（2）测量过程中来效应，应停止测量。

（3）测量时两人一组，一人负责测量，一人负责记录。

## 5.2　电解质温度测量技术标准

电解质温度是反映电解槽运行状态和影响电解槽技术经济指标（尤其是电流效率）的主要工艺参数之一，因此管理人员必须准确掌握电解质温度的变化情况。测量次数比较频繁，一般每日每槽至少测定 1 次，许多铝厂每班测定 1 次。

其技术要求包括：

（1）测温表测量精度为 ±2℃。使用数字式测温表和热电偶。

（2）测量位置为出铝口。

（3）热电偶插入电解质液面深度为 8~12cm，插入角度为 30°~60°。

（4）测量温度取值为：测温表读数在取值时左右摆动不大于 1℃。

（5）每天测量 1 次。

（6）记录测量槽 24h 内阳极效应和换极情况。

（7）测量记录提交相关人员，按规程输入到计算机系统。

注意事项为：

（1）降电流、停电、发生阳极效应、换极、出铝时停止测量。

（2）测定值出现异常或测温表显示不稳定、摆动大时停止测量。

（3）对测定前 3h 内发生的效应进行记录。

（4）当出现测定温度在 900℃ 以下或 1000℃ 以上，或数字测温表显示不稳定、摆动大，要查看热电偶是否损坏。

## 5.3　阳极电流分布测量技术标准

在预焙电解槽生产过程中，阳极电流分布的测量是最常进行的。电解槽焙烧时，每天必须进行全极电流分布测量，以检查阳极导电情况；生产槽新阳极换上达 16h 必须测量电流承担量，检查阳极高度设置情况，以便进行调整；生产槽一旦出现槽况异常（电压针振）或阳极病变，首先进行检查的项目便是阳极电流分布。因此，阳极电流分布的测量工作天天有、班班有，要求从操作工人到现场技术管理人员人人会做。

其技术要求包括：

（1）阳极导杆压降测量点距离为 200mm。

（2）阳极导杆等距离压降正常值为 2.5~3.5mV。

（3）测量位置为阳极导杆小盒卡具下方。

（4）测量过程要记录相关联的参数，即槽电压、系列电流强度等。

（5）操作工将测量叉压紧在阳极导杆侧表面，测量点连线竖直向下，正、负极不能接反。

（6）待仪表显示数值稳定后读数，并做好记录。

注意事项为：

（1）测量槽发生效应、抬母线、出铝、更换阳极时应暂停作业。

（2）降电流、停电、电压异常时应暂停作业。

（3）测量时避免工具短路造成事故发生。

## 5.4 阴极电流分布测量技术标准

电解槽阴极电流分布测定既为阴极工作状况分析提供资料，又为改进电解槽砌筑安装积累资料，因而需要进行电解槽阴极电流分布测量工作。

其技术要求包括：

（1）测量位置为：正极在钢棒距离过渡段 2cm 处，负极在距阴极软带与汇流母线焊接 2cm 处。

（2）测量取值为：毫伏表数值摆幅小于其测量精度时读取。

（3）测量过程要记录相关联的参数，即槽电压、系列电流强度等。

（4）数据测量（见图 5-2）为：将正极插在钢棒距离过渡段 2cm 处的 A 点，将负极端子触及阴极母线与软母线的焊接 2cm 处的 B 点。

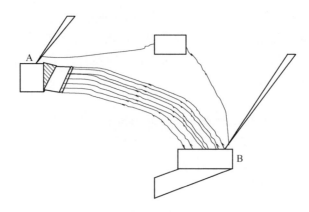

图 5-2  阴极电流分布测量示意图

注意事项为:

（1）测量时注意分清正负极。

（2）测量槽发生效应、对地电压异常、降电流或正在操作面进行作业时停止测量。

## 5.5  阴阳极极距测量技术标准

正常生产中不经常测定极距，因为极距正常与否可以通过电解槽的槽电压（槽电阻）稳定性反映出来，但当需要获取资料用于全面分析与优化电解槽的设计，或全面分析与优化槽况及工艺技术条件时，往往需要进行此项测定。

其技术要求包括:

（1）极距测定棒测量时的放置如图 5-3 所示，水平尺气泡位于中间位置。

（2）测量静置时间为 5～10s。

（3）测量取值以 0.1cm 为测量单位。

（4）测量次数为 5 次，取 5 次测量值的平均值作为极距。

（5）测量极距过程要记录相关联的参数，即槽电压、系列电流强度等。

注意事项为:

（1）测量前工具要进行预热。

（2）发生效应、电压波动及出铝作业时不能测量。

（3）测量时打捞干净结壳块和炭渣。

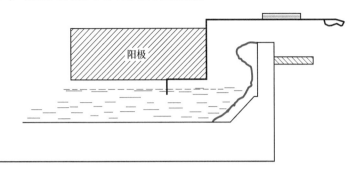

图 5-3　阴阳极极距测定示意图

## 5.6　炉底压降测量技术标准

电解槽随着运行时间的延长，阴极炭块的性质会发生变化，使阴极压降大幅度增加。测量炉底电压降，既可了解炉底变化情况，为正确调整技术条件提供依据，也可为改进电解槽砌筑安装积累资料，因此在需要时进行测定。

其技术要求包括：

（1）简易测量。正极铁棒从出铝口插到阴极表面，负极铜棒插在 B 面第二组阴极钢棒距离过渡段 2cm 处。

（2）常规测量。

1）选择 6 个点，均匀分布在 A、B 两面。

2）在测量点处打开直径约为 15cm 的测量孔。

3）正极铁棒呈约 45°的角度与炉底接触，负极铜质测定棒插在测定位置对应的阴极钢棒距离过渡段 2cm 处。

4）确认毫伏表显示值平稳后读数。

5）每个测量点进行两次测量。

6）测量过程要记录相关联的参数，即槽电压、系列电流强度等。

7）测量记录提交相关人员，按规程输入计算机系统。

注意事项为：

（1）不能连续使用同一个正极测量棒。

（2）正极测量棒不能与阳极接触。

（3）每次测量过程中两次测量值相差大于5%时，重新测量。

（4）每次测量值和上次测量值有±50mV的差值时，重新测量。

## 5.7 侧部钢板、阴极钢棒和槽底钢板温度测量技术标准

电解槽侧部钢板、阴极钢棒和槽底钢板温度测定的目的是为初步了解阴极工作状况及为导电情况提供资料，因此在需要时进行测定。

其技术要求包括：

（1）侧部钢板温度测量。

1）测量点：电解质水平与铝水平交界面对应的侧部槽壳钢板处。

2）以1℃为单位读数记录。

3）红外线测温表数值稳定后读数。

（2）阴极钢棒温度测量。

1）阴极钢棒头无积灰、积料。

2）测量点为钢棒头外缘向内5cm处。

3）以1℃为单位读数记录。

4）红外线测温表数值稳定后读数。

（3）槽底钢板温度测量。

1）选定每组阴极对应的3个钢板测量点，即A面端头往B面50cm处，B面端头往A面50cm处，槽纵向中心线对应点，并画圈标识。

2）以1℃为单位读数记录。

3）红外线测温表数值稳定后读数。

注意事项为：

（1）测量过程中来效应，应停止测量。

（2）停电、降电流、换极作业时停止测量。

## 5.8 炉底隆起高度测量技术标准

电解槽每运行一段时间，或者发现炉底明显变形时，需进行炉

底隆起的测定，作为调整槽电压、铝液高度及电解槽规程的资料，作为决定停槽的资料，作为检查阴极恶化程度的资料。

新槽启动前应进行阴极面基准高度（从槽沿板到阴极的距离）的测定，并将计算结果作为资料存档，作为以后计算炉底隆起高度的基准值，其测定方法与测量炉底隆起相同。

其技术要求包括：

（1）测定棒水平位移标记与槽沿板对齐，水平尺水泡处于中心位置，如图5-4所示。

（2）测点位置处与阴极表面接触。

（3）记录图5-4中的 $L$ 和 $H$ 数值。

（4）测量五点，记录测量结果。

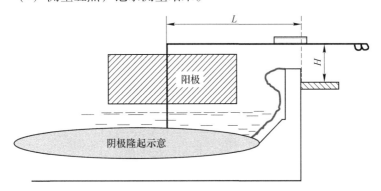

图5-4　电解槽炉底隆起测量示意图

注意事项为：

（1）测量过程中来效应，应停止测量。

（2）停电、降电流时停止测量。

## 5.9　炉膛内型测量技术标准

当需要全面监控、分析与优化槽况及工艺技术条件时，或需要获取资料用于全面分析与优化电解槽设计（特别是热场设计）时，往往需要进行电解槽炉膛内型测定。

其技术要求包括：

（1）测量位置为：A、B 加工面各取 10 个点，两侧均布。

（2）测量时，水平尺水泡处于中心位置，各测量点如图 5-5 ~ 图 5-7 所示。

（3）记录图 5-5 ~ 图 5-7 中的 $L$ 和 $H$ 值。

（4）根据 $L$ 和 $H$、电解槽人造伸腿理论图，绘制出实际炉帮形状。

（5）测量次数根据槽况安排。

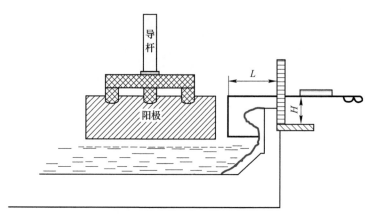

图 5-5   炉帮厚度测定示意图

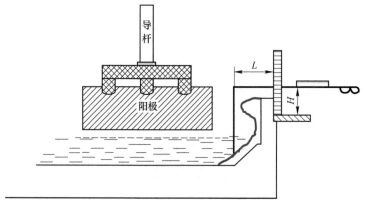

图 5-6   伸腿中部高度测量示意图

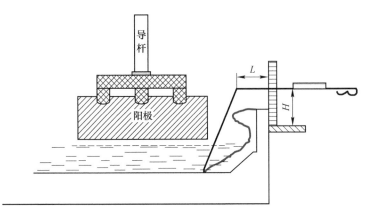

图 5-7 伸腿末端位置测定示意图

注意事项为:

(1) 测量工具的尺寸测量前应重新核准。

(2) 量过程中来效应时,应停止测量。

## 5.10 残极形状测量技术标准

残极形状测量,是检验阳极使用情况的一个重要手段,也是为改善阳极质量积累第一手资料。因此,当阳极质量或使用效果有波动,或需要全面分析阳极使用情况时,往往需要进行此项测量。测量范围包括残极长、宽、高,钢梁到残极表面的距离。

其技术要求包括:

(1) 残极水平放置,尺寸测量位置如图 5-8 所示。

(2) 残极长度 $L$:沿残极长度方向,用圈尺测出长度方向最短的距离作为残极长度,单位为 cm。

(3) 残极宽度 $W$:沿残极宽度方向,用圈尺测出宽度方向最短的距离作为残极宽度,单位为 cm。

(4) 残极高度 $H$:用 1m 长的钢尺从残极表面引出,保持水平仪水平,用 0.5m 的钢尺与水平面垂直放置,测出阳极底平面至 1m 长钢尺的距离作为残极高度,单位为 mm。

(5) 残极外观判断:目视观察,判断残极是否有裂纹,化爪,氧化程度，掉角，剥层疏松等，并做好记录。

注意事项为：

（1）导杆组若有开焊，禁止测量并做好标记，残极清理后进行维修。

（2）确认残极安全放置而没有倾倒危险时，方可进行测量作业。

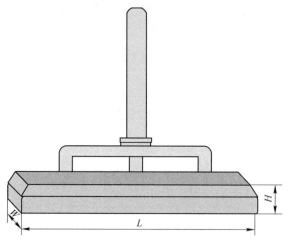

图 5-8 残极尺寸测量示意图

# 6 500kA 铝电解控制系统原理、典型曲线研判及操作

通过初步掌握 500kA 铝电解控制系统原理及典型曲线研判及操作，使相关工艺人员和电解工基本掌握计算机控制理念和典型曲线研判及操作技能，有益于生产管理平稳顺利进行。

## 6.1 铝电解控制系统原理

### 6.1.1 系统控制整体构架

目前，500kA 铝电解系列的控制系统具有点式下料和自适应控制技术，加上"智能模糊控制"新型控制技术，实际就是根据氧化铝浓度变化来控制增减量自动下料、效应的预处理以及电压的自动调节，并实现计算机实时监控。

这种系统一般是由"现场控制级"和"过程监控级"两级网络构建，如图 6-1 ~ 图 6-3 所示。其中，"过程监控级"的目的主要是实现铝电解槽大量历史数据的存储、显示及综合分析，为人工决策提供依据。在 500kA 铝电解槽实际控制过程中，作业人员主要通过研究分析"过程监控级"监控界面中的电阻、电压及针振和摆动数据曲线来实现铝电解槽控制。

由服务器程序记录工区槽控机状态、数据，其余使用的客户端电脑都做下位机。一台服务器用光纤、网线、can 线等连接一个车间的各个工区，再用交换机把所有的线汇集到一起，netbox 起到上位机与槽控机信息交换的中转作用。

### 6.1.2 总体控制思路

使用"两中心、两优先"的协同控制策略。所谓"两中心"指的是：在下料控制与极距调整的关系中，浓度跟踪期间以下料控制

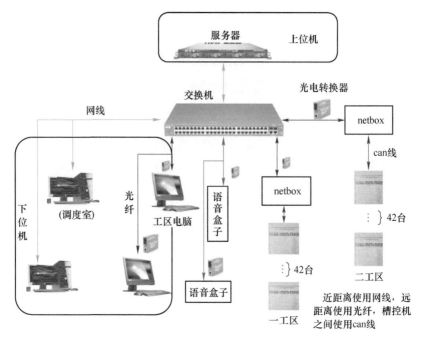

图 6-1   500kA 铝电解自控系统网络布局示意图

为中心；在人工改变控制参数时，以极距调整为中心。所谓"两优先"指的是：在热平衡（即极距）与目标的偏差大时，极距调整优先，反之下料控制优先。

### 6.1.3   下料控制原理

下料控制原理关系到 500kA 电解槽物料平衡的智能控制，应注意以下几个方面。

#### 6.1.3.1   槽电阻与氧化铝浓度的关系

任何电解铝控制系统都需要确定输入和输出间的对应关系。图 6-4 为铝电解槽中氧化铝浓度与槽电阻的 U 形关系曲线。

由图 6-4 可知槽电阻在高、中、低 3 个氧化铝浓度区的变化规律为：

（1）低浓度区。氧化铝浓度增加，槽电阻下降；氧化铝浓度降低，槽电阻上升。

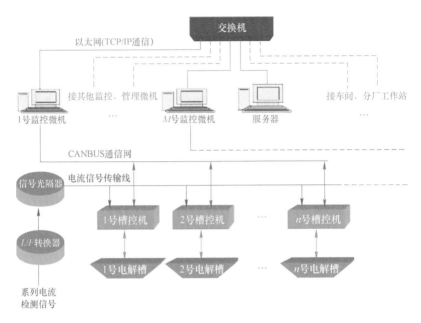

图 6-2 500kA 铝电解控制系统控制配置图

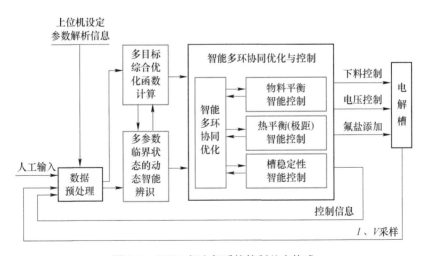

图 6-3 500kA 铝电解系统控制基本构成

（2）中浓度区。氧化铝浓度在该区间内不管如何波动，槽电阻

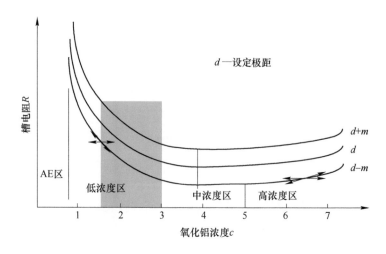

图 6-4　铝电解槽中氧化铝浓度与槽电阻的 U 形关系曲线
（$d+m$ 表示设定极距增加一定量；$d-m$ 表示设定极距减少一定量）

没有明显的变化。

（3）高浓度区。氧化铝浓度增加，槽电阻上升；氧化铝浓度降低，槽电阻下降。

### 6.1.3.2　控制系统对氧化铝浓度的判定

控制系统对氧化铝浓度的判定，是通过对反馈的槽电阻的分析实现的。槽电阻曲线分析为：

（1）低氧化铝浓度电解槽的槽电阻与下料曲线对应关系如图6-5所示。

图 6-5 中，随着铝电解槽增量下料的开始，槽电阻呈现出降低的趋势。整个过程中，槽电阻对氧化铝浓度的变化很敏感。

（2）高氧化铝浓度电解槽的槽电阻与下料曲线对应关系如图6-6所示。

图 6-6 中，电阻第一个和第二个波峰间，铝电解槽减量下料，槽电阻不升反降，表明槽电阻对氧化铝浓度的变化很不敏感。

（3）500kA 铝电解槽控制系统根据槽电阻的斜率和累斜值，实现下料状态（增量下料、减量下料）的转换。

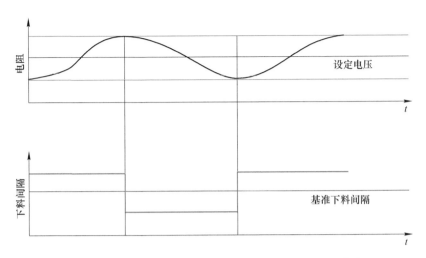

图 6-5 低氧化铝浓度电解槽的槽电阻与下料对应关系曲线

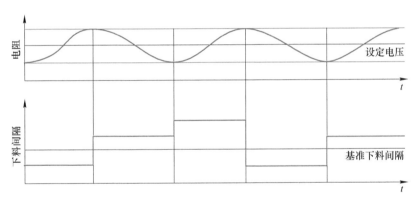

图 6-6 高氧化铝浓度电解槽的槽电阻与下料对应关系曲线

#### 6.1.3.3 效应机制

目前，某些 500kA 铝电解控制系统设定的阳极效应等待时间如图 6-7 所示。即 N1 阶段的效应等待时间为 96h，期间未发生阳极效应，进入 W1 阶段；W1 阶段内未发生阳极效应，则进入 N2 阶段；W2 阶段内仍未发生阳极效应，则开始下一个 N1—W1—N2—W2 循环。

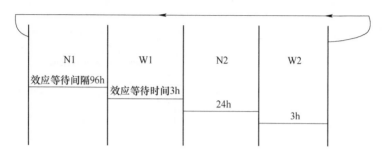

图 6-7   某些 500kA 铝电解控制系统阳极效应等待循环示意图

### 6.1.3.4  电解槽稳定性判据

电解槽稳定性判据包括以下内容：

（1）针振。由槽电阻高频波动信号引起。根本原因是铝电解槽阳极电流分布异常。

（2）摆动。由槽电阻低频波动信号引起。根本原因是铝电解槽槽腔不规整。

（3）控制系统应对措施为：附加电压和减少下料。

## 6.1.4  电压控制原理

电压控制原理关系到 500kA 电解槽能量平衡的智能控制，应注意以下两个方面。

### 6.1.4.1  "两不调区"原理

如图 6-8 所示，当电压处在 4.12 ~ 4.18V 范围时，控制系统不调整电压；当电压处在上限 4.5V、下限 3.8V 以外后，控制系统也不会调整电压。

### 6.1.4.2  阳极调整整体思路

阳极调整整体思路为：

（1）控制系统按照趋势调整，比人工瞬时调整要好，尽量不要人工干预。

（2）电压过高时，"过量处理"优先。

（3）电压过低时，判断标准适当放宽，尽量走"低端"。

（4）过多的阳极调整会影响电解槽效率，特别是会引起"压极距"。

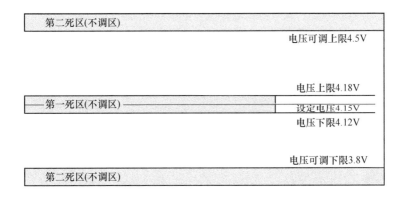

图 6-8    500kA 电解槽的槽控机电压控制原理示意图

## 6.2    典型曲线研判

要分析电解槽运行曲线，首先需熟悉槽控机系统的控制思路、下料控制模式、阳极控制原理等基础知识。在此基础上，技术人员才有可能根据电解槽电压、电阻、针振、摆动、斜率、累斜的变化趋势综合分析电解槽运行状态。

研判铝电解槽运行曲线能够有效掌握其运行趋势。以下是对某500kA 铝电解系列部分电解槽运行曲线的状态分析和参数调整建议，包括正常槽运行曲线、氧化铝浓度较高的电解槽运行曲线、氧化铝浓度高和过热度区间大的电解槽运行曲线、炉底有较多稀沉淀的电解槽运行曲线、炉底有沉淀的电解槽运行曲线、换极后针振摆动变大的电解槽运行曲线、换极后针振变大但摆动较小的电解槽运行曲线、针振和幅值较大的电解槽运行曲线、闪烁效应较多的电解槽运行曲线、换极后电压电阻闪烁的电解槽运行曲线和控机故障的电解槽运行曲线等。

### 6.2.1    正常槽运行曲线

正常槽运行曲线如图 6-9 所示。

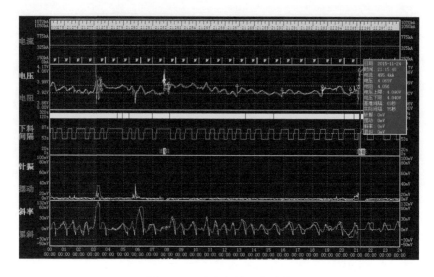

图 6-9  正常电解槽运行曲线

曲线分析：图 6-9 中电压、电阻曲线呈相对平滑的正余弦波状；下料间隔曲线过欠均匀，且与电压、电阻曲线形成基本对应关系；针振和摆动曲线波动幅值较小。

处理意见：保证电解槽正常下料，做好炉面整形和保温工作，避免过多人工干扰即可。

### 6.2.2  氧化铝浓度较高的电解槽

氧化铝浓度较高的电解槽运行曲线如图 6-10 所示。

曲线分析：电阻、电压曲线波动明显，无规律性，且呈现出下落趋势；下料间隔曲线中减量下料偏多，与电阻、电压曲线不对应；转为增量下料后，电阻、电压降低较快；阳极自动提升次数超过下降次数。

原因分析：铝电解槽可能处于热行程或存在漏料问题。

处理意见：现场作业人员检查是否存在漏料，若无漏料，则调整下料间隔（NB）。

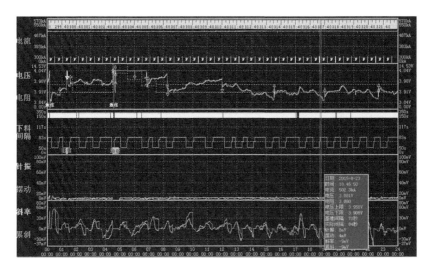

图 6-10　氧化铝浓度较高的电解槽进行曲线

### 6.2.3　氧化铝浓度高和过热度区间大的电解槽

氧化铝浓度高和过热度区间大的电解槽运行曲线如图 6-11 所示。

曲线分析：图 6-11 中标注的部分，下料间隔曲线处在减量下料区间时，电阻、电压曲线前半段呈下行趋势，后在减量下料和控料作用下，电阻电压曲线陡然升高。

原因分析：可能的原因是氧化铝浓度过大或过热度区间大，并且现场铝电解槽会出现电解质发黏的状态。

处理意见：减少氟盐添加量设定值，通过定时下料和增大下料间隔来降低氧化铝浓度。

### 6.2.4　炉底有较多稀沉淀的电解槽

炉底有较多稀沉淀的电解槽运行曲线如图 6-12 所示。

曲线分析：下料间隔曲线的变化对电压、电阻曲线没有明显的影响，两者没有对应关系。

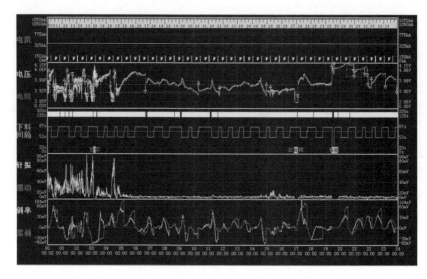

图 6-11　氧化铝浓度高和过热度区间大的电解槽运行曲线

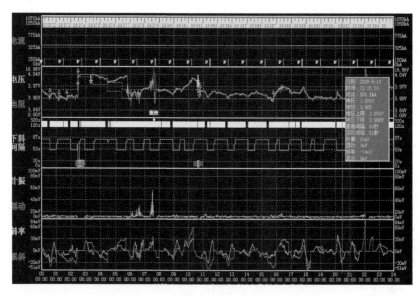

图 6-12　炉底有较多稀沉淀的电解槽运行曲线

原因分析：最可能的原因是电解槽中氧化铝浓度过大，并且现场铝电解槽会出现电解质发黏及状态不活跃的现象。

处理意见：此类电解槽由于针振和摆动曲线无异常，因此可以通过调整下料间隔，逐步降低氧化铝浓度，过程中尽量避免人为干扰。

### 6.2.5　炉底有沉淀的电解槽

炉底有沉淀的电解槽运行曲线如图6-13所示。

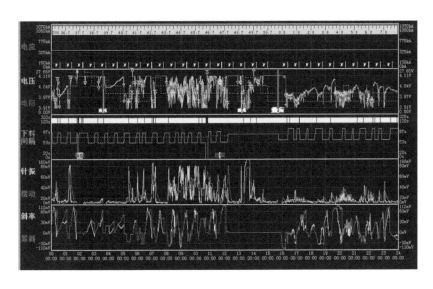

图6-13　炉底有沉淀的电解槽运行曲线

曲线分析：电压曲线波动大，当电压曲线在下限运行时，针振和摆动数值同时变大，电压异常闪烁多，但升高槽电压后，针振和摆动曲线波动明显变小。

原因分析：电解槽炉膛内有较多沉淀。

处理意见：增大设定电压，在换极操作时，逐步处理炉底沉淀。日常管理时，尽可能减少人为下料，后逐渐降低电压。

### 6.2.6    换极后针振摆动变大的电解槽

换极后针振摆动变大的电解槽运行曲线如图 6-14 所示。

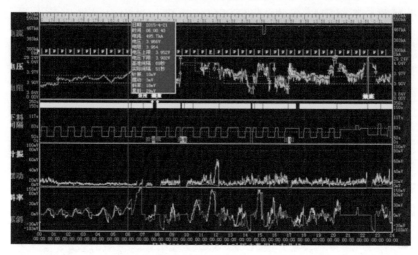

图 6-14    换极后针振摆动变大的电解槽运行曲线

曲线分析：换极后，电解槽针振摆动曲线波动明显增大，电压、电阻曲线波动不可控，电压曲线毛刺较大。

原因分析：新换阳极的邻、对极工作状态受到干扰；电压曲线毛刺增大，最可能的原因是换极后局部氧化铝浓度发生了大的波动。

处理意见：作业现场需提高换极质量和新极安装精度；通过增大下料间隔或停料措施，减少电解槽下料量。

### 6.2.7    换极后针振变大但摆动较小的电解槽

换极后针振变大但摆动较小的电解槽运行曲线如图 6-15 所示。

曲线分析：换极后针振曲线明显变大，摆动曲线无变化。

原因分析：最大的可能是换极过程中，铝电解质中的壳面块、炭块未打捞干净。

处理意见：适量升高槽电压，无效果时，测量和调整阳极电流分布。

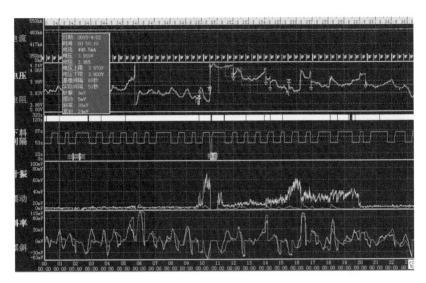

图 6-15　换极后针振变大但摆动较小的电解槽运行曲线

## 6.2.8　换极后电压电阻闪烁的电解槽

换极后电压电阻闪烁的电解槽运行曲线如图 6-16 所示。

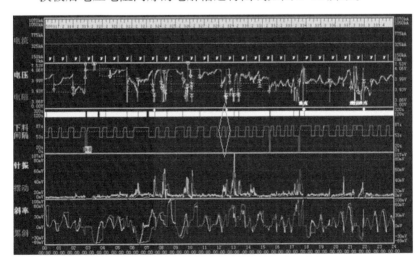

图 6-16　换极后电压电阻闪烁的电解槽运行曲线

曲线分析：换极后，电压、电阻曲线异常，电压闪烁明显，且电压低时，针振摆动数值明显变大。

原因分析：可能是电解槽局部氧化铝浓度偏低、下料点堵料或下料器故障。

处理意见：可以等待一个阳极效应，也可以尽快处理下料点堵料或下料器故障问题。

### 6.2.9  闪烁效应较多的电解槽

闪烁效应较多的电解槽运行曲线如图 6-17 所示。

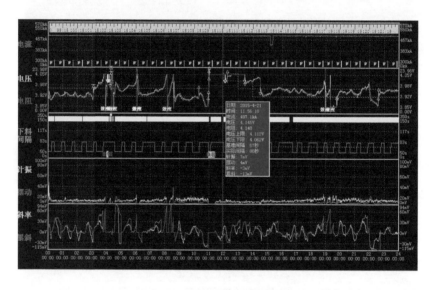

图 6-17  闪烁效应较多的电解槽运行曲线

曲线分析：电阻、电压曲线迅速升高，后出现闪烁效应，增量下料后效果不明显。

原因分析：可能是换极质量较差，换极过程中漏入电解槽的物料较多；也可能存在某下料点堵料、不下料的情况。

处理意见：现场作业人员检查和处理下料点、下料器问题。

### 6.2.10 针振和幅值较大的电解槽

针振和幅值较大的电解槽运行曲线如图 6-18 所示。

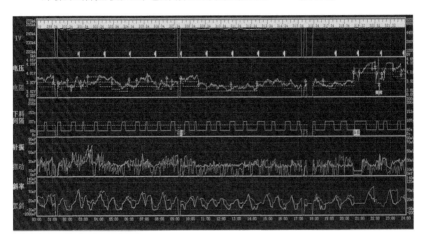

图 6-18 针振和幅值较大的电解槽运行曲线

曲线分析：针振和摆动曲线不分离，系统无法识别高频噪声与低频噪声。

原因分析：最大可能是炉膛畸形。

处理意见：增大设定电压；现场测量阳极电流分布；等待一个阳极效应，待效应后检查单极运行情况。

### 6.2.11 槽控机故障的电解槽

槽控机故障的电解槽运行曲线如图 6-19 所示。

曲线分析：槽控机多次升高电压无效果后，针振曲线波动变大。

原因分析：槽控机中 380V 空气开关被人为断开或槽控机保险管损坏。

处理意见：加强现场管理，杜绝人为升电压后将 380V 空气开关断开现象。

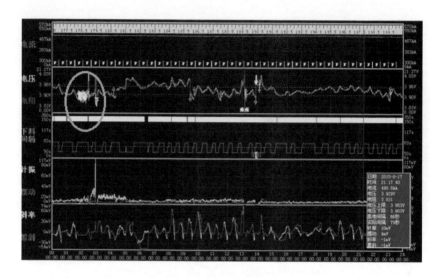

图 6-19   槽控机故障的电解槽运行曲线

## 6.3   槽控机操作

各级电脑可以按照分配的权限更改生产参数，上下位机的 IP 分配有相应的 IP 地址表，实行一个负责人一个用户名及密码，妥善保管，谁修改谁负责，并用参数修改记录本做好修改记录，以备查验。相关单位应实时查看工艺数据是否正确。

### 6.3.1   槽控机软件操作

500kA 铝电解槽智能模糊控制系统动态监控界面如图 6-20 所示。

从槽控机软件可以调取历史曲线，修改生产参数、系统参数、调试参数和常用参数，输出日报表，进行系统设置。整个界面可显示一个车间全部槽控机运行情况。

### 6.3.2   槽控机相关操作

#### 6.3.2.1   动力箱部分

动力箱操作面板如图 6-21 所示，动力箱操作在纯手动下作用：

铝电解槽智能模糊控制系统

监控界面 模拟面板 动态曲线 历史曲线 系统分析 报表导出 生产参数 系统参数 调用参数 常用参数 数据输入 密码设置

| 槽号 | 电压(V) | 状态 | 槽号 | 电压(V) | 状态 | 槽号 | 电压(V) | 状态 | 槽号 | 电压(V) | 状态 | 槽号 | 电压(V) | 状态 | 槽号 | 电压(V) | 状态 | 槽号 | 电压(V) | 状态 |
|---|---|---|---|---|---|---|---|---|---|---|---|---|---|---|---|---|---|---|---|---|
| 5101 | 3.947 | 下料中 | 5125 | 3.934 | | 5207 | 3.929 | | 5231 | 3.946 | | 5313 | 3.985 | | 5337 | 3.946 | | 5419 | 3.930 | |
| 5102 | 3.927 | | 5126 | 3.978 | | 5208 | 3.955 | | 5232 | 3.944 | | 5314 | 3.943 | | 5338 | 3.932 | | 5420 | 3.940 | |
| 5103 | 3.973 | | 5127 | 3.934 | | 5209 | 3.974 | | 5233 | 3.953 | | 5315 | 3.953 | | 5339 | 3.926 | 下料中 | 5421 | 3.977 | |
| 5104 | 3.934 | | 5128 | 3.959 | | 5210 | 3.946 | | 5234 | 3.949 | | 5316 | 3.941 | | 5340 | 3.905 | 下料中 | 5422 | 3.944 | |
| 5105 | 3.981 | | 5129 | 3.908 | 下料中 | 5211 | 3.972 | | 5235 | 3.985 | 下料中 | 5317 | 3.951 | 下料中 | 5341 | 4.011 | | 5423 | 3.965 | 氯盐 |
| 5106 | 3.917 | 下料中 | 5130 | 3.922 | 下料中 | 5212 | 3.845 | | 5236 | 3.950 | | 5318 | 3.959 | | 5342 | 3.922 | | 5424 | 3.953 | |
| 5107 | 3.933 | 下料中 | 5131 | 4.676 | | 5213 | 3.931 | | 5237 | 3.961 | | 5319 | 3.966 | | 5401 | 4.008 | | 5425 | 3.914 | |
| 5108 | 3.923 | | 5132 | 3.993 | | 5214 | 3.987 | | 5238 | 3.954 | | 5320 | 3.948 | | 5402 | 3.993 | 下料中 | 5426 | 3.935 | |
| 5109 | 3.935 | 下料中 | 5133 | 3.951 | 下料中 | 5215 | 3.973 | | 5239 | 3.899 | | 5321 | 3.901 | | 5403 | 4.012 | | 5427 | 3.895 | |
| 5110 | 3.927 | | 5134 | 3.906 | | 5216 | 4.014 | | 5240 | 3.921 | | 5322 | 3.989 | | 5404 | 4.007 | | 5428 | 3.966 | |
| 5111 | 3.987 | | 5135 | 3.922 | | 5217 | 3.920 | | 5241 | 3.966 | | 5323 | 3.657 | | 5405 | 3.960 | | 5429 | 3.911 | |
| 5112 | 3.962 | | 5136 | 3.973 | | 5218 | 3.975 | | 5242 | 4.079 | | 5324 | 3.879 | | 5406 | 3.966 | | 5430 | 3.945 | |
| 5113 | 3.945 | | 5137 | 3.941 | 下料中 | 5219 | 3.945 | | 5301 | 4.017 | | 5325 | 3.943 | 下料中 | 5407 | 3.945 | | 5431 | 3.984 | |
| 5114 | 3.935 | | 5138 | 3.940 | | 5220 | 3.961 | 下料中 | 5302 | 4.080 | 下料中 | 5326 | 3.934 | | 5408 | 3.961 | 下料中 | 5432 | 3.896 | |
| 5115 | 4.012 | 下料中 | 5139 | 3.940 | | 5221 | 3.995 | | 5303 | 4.033 | | 5327 | 3.925 | | 5409 | 3.930 | | 5433 | 3.895 | |
| 5116 | 4.001 | 下料中 | 5140 | 3.926 | | 5222 | 4.075 | | 5304 | 4.017 | | 5328 | 3.895 | | 5410 | 3.919 | | 5434 | 3.947 | 下料中 |
| 5117 | 3.984 | | 5141 | 3.979 | | 5223 | 3.950 | | 5305 | 3.957 | 下料中 | 5329 | 3.936 | | 5411 | 3.968 | 下料中 | 5435 | 3.917 | |
| 5118 | 3.898 | | 5142 | 3.962 | | 5224 | 3.975 | | 5306 | 4.064 | | 5330 | 3.961 | | 5412 | 3.896 | | 5436 | 3.962 | |
| 5119 | 3.919 | 下料中 | 5201 | 3.987 | | 5225 | 3.979 | | 5307 | 3.934 | | 5331 | 3.933 | | 5413 | 3.954 | | 5437 | 3.915 | 下料中 |
| 5120 | 3.963 | | 5202 | 3.949 | | 5226 | 3.922 | | 5308 | 3.955 | | 5332 | 3.917 | | 5414 | 3.940 | 下料中 | 5438 | 3.912 | |
| 5121 | 3.893 | | 5203 | 3.995 | | 5227 | 3.943 | | 5309 | 3.939 | | 5333 | 3.911 | | 5415 | 3.907 | | 5439 | 3.930 | |
| 5122 | 3.948 | | 5204 | 3.988 | | 5228 | 3.902 | | 5310 | 3.941 | | 5334 | 3.931 | | 5416 | 4.131 | | 5440 | 3.911 | |
| 5123 | 3.989 | | 5205 | 3.952 | | 5229 | 3.952 | 下料中 | 5311 | 3.932 | | 5335 | 3.920 | | 5417 | 3.918 | | 5441 | 3.913 | 下料中 |
| 5124 | 4.013 | 下料中 | 5206 | 3.966 | | 5230 | 3.964 | | 5312 | 3.957 | | 5336 | 3.950 | | 5418 | 3.922 | | 5442 | 3.878 | |

五车间 \ 六车间 /

重要提示信息

正在监控五车间 系列电流:500.4kA 系列电压:664.8 V 平均电压:3.957V

图6-20 500kA 铝电解槽智能模糊控制系统动态监控界面

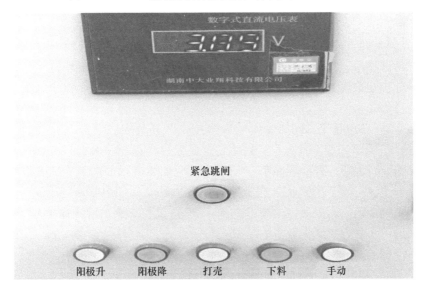

图6-21 动力箱操作面板

（1）按"手动"和"阳极升"按钮可提升阳极。

（2）按"手动"和"阳极降"按钮可下降阳极。

（3）按"打壳"按钮可打壳。

（4）按"下料"按钮可下料。

（5）按"紧急跳闸"按钮可断开槽控机的设备电源。

安全警告包括：

（1）该功能仅限工区长以上人员使用。动力箱上的纯手动开关不受逻辑箱中安全保护措施的限制，仅用于停槽期或逻辑箱故障等非正常情况。正常情况下须使用逻辑箱上的触摸开关，以确保阳极升降安全。

（2）用纯手动提升或下降阳极时，应观察阳极运动情况，谨防"拔槽"或"坐槽"。操作完毕时，应确认按钮弹起复位，若按钮粘连导致阳极提升或下降不能停止时，应立即按下紧急跳闸按钮，切断电源！

### 6.3.2.2 逻辑箱部分

逻辑箱显示和操作面板如图 6-22 所示。

逻辑箱可进行以下操作：

（1）打壳。

1）两点同时打壳。触摸一下"打壳"开关，显示面板上打壳指示灯亮，这时槽控机进行一次六点同时打壳作业，完毕后打壳指示灯自动熄灭。假如要进行多次打壳作业，可待一次作业完毕后重复操作。

2）单点打壳。同时触摸一下"打壳"开关和"参数查看（向下）"，显示面板上打壳指示灯亮，这时槽控机进行一次 1 号三点打壳作业，完毕后打壳指示灯自动熄灭。假如要进行多次 1 号三点打壳作业，可待一次作业完毕后重复操作。

类似地，同时触摸一下"打壳"开关和"参数查看（向上）"，则进行 2 号点打壳作业。

（2）下料。

1）两点同时下料。触摸一下"下料"开关，显示面板上打壳、下料指示灯依次点亮，然后依次熄灭，槽控机进行一次六点同时打

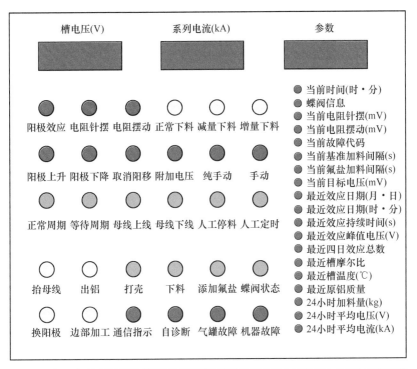

图 6-22 逻辑箱显示和操作面板

壳、下料作业过程。假如要进行多次下料作业，可待一次作业完毕后重复操作。

2）单点下料。同时触摸一下"下料"开关和"参数查看（向下）"，显示面板上打壳、下料指示灯亮，这时槽控机进行一次 1 号三点打壳、下料作业。假如要进行多次 1 号三点下料作业，可待一次作业完毕后重复操作。类似地，同时触摸一下"下料"开关和

"参数查看（向上）"，则进行 2 号点下料作业。

需要注意的是看槽人员不能在正常控制过程中随意使用，以免影响槽控机对电解槽氧化铝浓度的控制，此过程可以用于维修打壳下料系统人员在检查下料系统时或维修工人完成打壳下料系统设备维修后对打壳下料系统进行试验时使用。

（3）阳极升和阳极降。同时触摸"手动/自动"和"阳极升"开关，可向上移动阳极；同时触摸"手动/自动"和"阳极降"开关，则可向下移动阳极，且显示面板上阳极升或阳极降指示灯亮。

需要注意的有：

1）操作者在执行这两个命令时，应明确操作的目的，在操作过程中应同时观察槽电压的数值及阳极移动的方向是否与操作的目的相一致，如果相反则应立即中止命令的操作，找维修人员处理。

2）触摸一次"阳极升"或"阳极降"开关的时间不要超过 5s，如果一次达不到调整电压（或移动阳极）的目的，可以多次重复操作，以免槽控机的安全定时保护电路动作，终止升降操作，而人为制造槽控机运行的故障。

3）操作完成后，应确认提升电动机确实已停止转动之后方能离开操作现场。

4）正常控制过程中，因为阳极升降命令会改变槽电阻，影响槽控机对电解槽的氧化铝浓度判断，因此除非出现异常槽电压或发生阳极效应的情况，否则不要随便进行阳极升降调整。

（4）出铝、换极、边加工作业开始与结束的通报。当在对电解槽进行出铝，或换极，或边加工（含控料）作业前，应提前至少 1min 先触摸一下对应的通报开关，显示面板上对应的指示灯亮，则表示通报该作业开始。作业完毕后，如果想提前结束该操作，可以再触摸一下对应的通报开关，使显示面板上对应的指示灯熄灭，则表示通报该作业结束。如果不再触摸对应的操作开关，则槽控机会在设定的操作结束时间到后自动取消该操作，熄灭对应的操作指示灯。如果没有进行某一作业，而因误操作通报了该作业（即点亮了该作业的指示灯），只要在 1min 之内，再触摸对应的开关使指示灯熄灭，槽控机便视为无效通报。如果在某一作业进行之中，因误操作通报了该作业结束（即熄灭了该作业的指示灯），只要再通报一次该作业开始（即重新点亮该作业的指示灯）即可。

需要提示的有：

1）必须强调，在进行这三类作业前必须通报，没有进行这三类作业时不能误报，否则会导致槽控机误控而引起下料过多或发生效应。

2）这三类作业的通报方式以及槽控机对通报的处理方式完全类似。故以出铝通报为例：触摸"出铝"开关，使显示面板上的"出铝"指示灯亮（表示槽控机接受了通报，槽控机进入出铝监视状态）；30min（系统默认时间，可修改）后"出铝"指示灯自行熄灭，槽控机自动退出"出铝"监视状态，并在1min后恢复自动控制（包括下料和电压调节），同时从退出"出铝"监视状态算起，保持高电压一段时间（注：某作业区附加电压设定为50mV）。若想提前退出"出铝"监视状态（即提前恢复自动下料和电压控制），则可在"出铝"指示灯自行熄灭以前触摸"出铝"，使"出铝"指示灯熄灭，槽控机会立即恢复自动控制。但注意，若在通报了"出铝"后不到1min的时间内便触摸"出铝"开关使"出铝"指示灯熄灭，则槽控机视为"无效通报"，因而不进行出铝后的高电压保持和停料。因此，若因误操作点亮了某一作业通报的指示灯，只要及时触摸对应的开关使指示灯熄灭即可，如不这样做，会导致不必要的停料和高电压保持。

3）出铝时，看槽人员必须实时监控电压，防止槽控机没有及时降电压，进而阳极脱离电解质，导致拉弧短路，发生爆炸等重大事故。

（5）抬母线作业。在操作抬母线作业时，触摸抬母线开关，显示面板上抬母线指示灯则以1s为周期忽明忽灭，应遵照下列方法正确输入抬母线密码：

1）用一个手指按住"抬母线"开关至指示灯亮。

2）当指示灯熄灭时，手指及时脱离开关。

3）当指示灯变亮时又立即按住开关。

4）如此重复4次，直到指示灯变亮后不再熄灭则密码输入成功，这时控制过程就转到了抬母线控制，触摸抬母线开关，就可以将母线抬上来。

需要注意的有：

1）输入抬母线密码时操作者不要急躁，一步一步按指示灯的提示进行。

2）"抬母线"指示灯常亮期间若停止该开关操作达 1min，则指示灯开始闪烁，表明 1min 后会自行熄灭（即程序将自动退出抬母线控制转正常控制）。

3）在操作槽控机进行抬线作业前一定要确保各项准备工作已经完成，一定不要在未做好准备工作（特别是卡具未全部松开）就急于操作槽控机的抬母线开关。

（6）蝶阀关和蝶阀开。触摸"手动"和"蝶阀关"开关，可打开蝶阀；触摸"手动"和"蝶阀关"开关，可关闭蝶阀，蝶阀关到位和开到位时显示面板上蝶阀状态指示灯亮。

（7）控制模式与设定参数的更改。槽控机的控制模式与设定参数（设定电压，基准下料间隔）下放给各个工区长自行修改。对于电压调节，只有"自动"和"手动"（即停止自控）两种控制模式可供选择。

对于下料控制，有如下 3 种控制模式可供选择：

1）"自控"模式。由槽控机按模糊控制算法自动控制。

2）"定时"模式。槽控机按照设定的基准下料间隔进行定时下料。

3）"停料"模式。槽控机停止下料（说明：如需对某槽实施空料，对单槽更改空料持续时间即可。不要用拉闸方式停料）。

（8）运行信息及参数查看。动力箱只提供了一个数字电压表显示槽电压，运行信息及参数显示主要由逻辑箱提供了一个内容丰富的显示面板，它处于有机玻璃窗内。显示面板上有 3 组数码管，30 个运行状态指示灯和 19 个参数查看指示灯。3 组数码管位于显示窗上部，其上方分别标有"槽电压（V）""系列电流（kA）""槽状态参数"。

数码管显示的槽电压是由槽控机采样电路采样得到的，而动力箱上槽电压表（自带锂电池）显示的槽电压值是由槽电压表自行独立采样得到的。槽控机提供两路独立的槽电压显示，其目的是便于现场操作人员及时发现槽电压采样偏差；也能保证在紧急停电情况下，动力箱槽压表能显示槽压。正常情况下这两路槽电压的偏差应不大于20mV，否则应通知电工来校验和调整。在参数数码管下方纵向排列有19个小红色指示灯，并对应地标注了19个设定或运行参数的名称。在任意时刻只有其中一个指示灯亮，表明目前参数数码管显示的是与该亮点对应的参数。当触摸"参数查看（向上）"或"参数查看（向下）"开关时，亮点分别向上或向下移动，于是可以查看19个参数中的任一个。19个参数的定义十分明确地标注在槽控机面板上。

30个运行状态指示灯含义如下：

1）效应。当前处在阳极效应中。

2）电阻针振。槽电阻出现高频波动现象，且高频波动的幅度超过了设定值。

3）电阻摆动。槽电阻出现低频波动现象，且低频波动的幅度超过了设定值。

4）正常下料。目前电解槽处于正常下料状态，即下料时间间隔基本与设定的基准下料间隔相符。

5）减量下料。目前电解槽处于减量下料状态，即下料时间间隔明显大于设定的基准下料间隔。

6）增量下料。目前电解槽处于增量下料状态，即下料时间间隔明显小于设定的基准下料间隔。

7）阳极升。正在输出自动或手动阳极升的命令。

8）阳极降。正在输出自动或手动阳极降的命令。

9）取消阳移。自动状态下，在一设定时间内不进行阳极升降操作。

10）附加电压。电解槽正处于人工作业（出铝、换阳极）后的高电压保持阶段，或者槽控机解析发现电解槽的电阻不稳定（针摆）而适当升高了设定电压值。

11）纯手动。当动力箱中的纯手动/自动开关位于纯手动一侧时，该指示灯常亮。

12）手动。触摸到触摸开关板上的手动/自动开关时，该指示灯亮，当手指离开手动/自动开关时，该指示灯随即熄灭。

13）正常周期。阳极效应发生以后，转入本下料周期。

14）等待周期。正常周期以后所转入的效应等待周期。

15）母线上限。阳极母线达到上限位时，该指示灯亮，阳极只能下降不能上升。

16）母线下限。阳极母线达到下限位时，该指示灯亮，阳极只能上升不能下降。

17）人工停料。上位机根据现场要求，使槽控机在规定的时间停止下料。

18）人工定时。电解槽启动初期或病槽时，槽控机进行定时下料，不做浓度控制。该功能要通过上位机设定控制状态，需要时应与计算站联系。

19）抬母线。槽控机接受了"抬母线起始"通报之后的一定时间内，且尚未接收到"抬母线结束"的通报。

20）出铝。槽控机接受了"出铝起始"通报之后的一定时间内，且尚未接收到"出铝结束"的通报。

21）下料。正在输出自动或手动下料命令。

22）打壳。正在输出只打壳而不下料动作。

23）添加氟盐。正在执行添加氟盐过程中。

24）换阳极。槽控机接受了"换阳极起始"通报之后的一定时间内，且尚未接收到"换阳极结束"的通报。

25）通信指示。通信正常情况下此灯闪烁。

26）蝶阀状态。槽控机指示蝶阀关到位和蝶阀开到位的状态。

27）自诊断。槽控机正在进行自诊断，或者接受到人工输入的自诊断命令，即同时触摸"手动/自动"和"参数查看（向上）"后进行自身诊断，自诊断的主要内容是检查阳极升降器件及保护电路的安全性和可靠性。

28）机器故障。当出现定时器超时、电源跳闸、接触器未正常通断、母线越限等情况时，该指示灯亮。

29）自诊断和采样诊断。本功能供槽控机维护人员使用，方法是同时触摸"手动/自动"和"参数查看（向上）"，显示面板的自诊断指示灯亮，槽控机便进行一次自诊断，检查接触器和定时电路等是否正常。同时触摸"手动/自动"和"参数查看（向下）"，显示面板的采样诊断指示灯亮，槽控机便进行一次采样诊断，检查电压采样电路是否正常。

槽控机是电解生产过程中的重要控制设备，是一台精密的智能电子仪器，操作人员必须正确使用、按章操作、认真保养。槽控机内的各种元件线路，非维修人员严禁拆动。电解槽在启动、换阳极时，必须在槽控机的前方加上适当的遮挡物，以免电解槽的高温辐射造成槽控机的损害和元件的加速老化。槽控机的机箱门应及时关严，防止灰尘进入机箱影响机器性能。另外要保持好机器内外的卫生。

30）安全警告。槽控机通电状态下，不要触摸机箱内电路板、电气元件及裸露的金属导线与接点，谨防触电或烧毁机器。

### 6.3.3　控制系统与工艺结合

所谓系统与工艺结合，就是工区长及相关负责人应熟练使用计算机系统，把现场工艺控制思路转化为计算机语言，并依靠计算机实现自动化管理，从而提高生产效率。杜绝人工手动这种粗暴的方式影响槽控机程序运行，以保证程序相关计算结果的准确性，判定条件输出不受恶性干扰。

#### 6.3.3.1　浓度控制

浓度控制即下料量的控制，下料量直接影响槽电阻，表现为电压波动。在线性范围内下料量多，槽内氧化铝浓度就会变高，由于自由移动的离子较多，电阻值就较小，表现为电压下行趋势。反之，下料量偏少，氧化铝浓度偏低，自由移动的离子较少，电阻值较大，表现为电压上升趋势。浓度参数在调试参数里，对于调试参数要做到不明白含义，不随意修改，否则可能导致电解槽发生严重事故。

A　槽控机氧化铝浓度控制方式

浓度控制采用"欠量—过量—正常—欠量"循环的过程进行控制，欠量状态转为过量状态的条件有 4 个：

（1）电阻斜率大于 15。

（2）电阻累积斜率大于 20。

（3）电阻快速斜率大于 30。

（4）电阻最小累积斜率大于 40。

在欠量过程中，当满足以上 4 个条件中任意一个，则转为过量状态。先进行基本过量周期（10min），在此期间不判断浓度，再进行正常过量周期（不大于 15min），判定浓度达到相对饱和状态后，转入正常下料状态（2min），至此进入下一个欠量周期。

B　调整浓度的方式

调整浓度有以下几种方式：

（1）调整生产参数里的单槽下料间隔（NB），工区自己决定，一般正常槽一天修改一次为宜。修改次数越多，负面影响越大。

（2）调整系统参数里的基准欠量、基准过量、最大过量时间。每个下料周期内系统默认值为基准欠量 10min，基准过量 10min，最大过量 15min（本值基本不变）。这一组默认值所决定的浓度比较适中，稍小，因为实践中发现这一组值决定的电压曲线总是偏向上沿移动。如果要使浓度提高一些，可以把基准欠量减去 1min 或者基准过量加上 1min。

（3）调整调试参数，当一台电解槽的电阻值达到 8mV 时，系统由欠量转过量。缺省值夏秋季为 12mV，冬春季为 15mV。这个数值对浓度控制极为敏感有效，而且相对稳定，一旦设定就不要随意改变。假如需要变动只能以 2mV 为一个单位增减，观察两天槽况以决定是否再次修改。该参数如果修改操作不当，会产生严重的后果（浓度失衡）。

（4）使用生产参数里的单槽人工停料。对于正常生产的电解槽，此方式最好少用。停料之后的时间掌握是个难点，停料时间过长会导致化炉帮。建议的做法是拉长下料间隔。

当电解槽大幅度针摆期间，槽电阻向上大幅波动，槽控机计算的氧化铝浓度值是不准确的，属于假象值。这时候应当干预槽控机，不让槽控机增量下料。

### 6.3.3.2 附加电压控制

A 换极附加电压

系统默认值为 40mV，有效时间为 20min。启动换极程序之后，附加电压分 3 步完成。

（1）给定附加电压，电压上升到 40mV × 3 = 120mV，运行 20min。

（2）40mV × 2 = 80mV，运行 20min。

（3）40mV × 1 = 40mV，运行 20min。

换极附加电压给定 40mV，换极有效时间给定 60min，总运行时间 3h，既能保证换极作业后电解槽没有大的针振和摆动，又能做到电耗相对较少。

B 出铝附加电压

系统默认值为 40mV，20min。

C 抬母线附加电压

系统默认值为 40mV，20min。

由于出铝和抬母线作业相对于换极对生产的影响相对要小，且该数值实践表明效果较好，所以不用更改系统默认值。

### 6.3.3.3 特殊情况下参数的修改

整流机组出现故障，系列电流持续下降的时候，需要修改生产参数、系统参数。拉长下料间隔，系统参数里电流指标改为实际电流。长时间在低于 500kA 运行的时候，还要根据实际情况考虑更改调试参数里的相关单元。

### 6.3.3.4 电压曲线示例

电压曲线示例如图 6-23 所示。

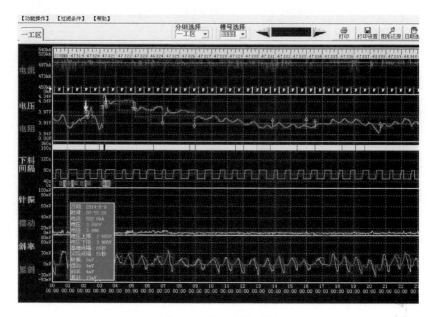

图 6-23　电压曲线示例

　　良好的电压曲线呈波浪形走势，并且与斜率、累斜很好的匹配。红线区域内，增量下料，斜率下降，电压下行；欠量下料，斜率上升，电压上行。实践表明，能走出波浪形的电解槽，电解质状态良好的条件下，氧化铝浓度基本在 2.0%~2.5% 之间。

# 7  500kA 电解槽病事槽处理

## 7.1  电解槽针振和摆动

在铝电解生产中，由于电解槽运行过程受到各种因素的影响，干扰了电解槽的能量平衡（热平衡）和物料平衡，产生这样或那样的异常，其表现就是病槽的出现和一些异常现象的发生，甚至导致生产安全事故的发生，直接影响着电解槽技术经济指标和槽寿命以及电解槽的安全平稳生产。

病槽一般包括电解槽针振和摆动、电解槽热行程、电解槽冷行程、阳极长包、阳极脱落、压槽、难灭效应、电解槽的早期破损、滚铝、漏炉等，事故槽一般包括阳极无指令上升或下降、电解槽停限电、电解槽停风和电解槽短路口及立柱母线损坏（也称为"短路口爆炸"）等。遇到这种情况，应该根据具体情况，查找原因，施以正确处理方法或实施应急预案，使电解槽尽快恢复正常运行，将可能造成的损失控制和减少到最小。

### 7.1.1  电解槽针振和摆动简介

目前的电解铝控制系统中将槽电压的强烈波动分为电压针振和电压摆动两种类型进行解析。

电压针振，指的是电压强烈的高频波动。例如在一个电压采集周期内，频率小于30Hz的高频噪声就可以认为是电压针振。

电压摆动，指的是电压强烈的低频波动。例如在一个电压采集周期内，频率介于30Hz到120Hz的低频噪声就可以认为是电压摆动。

电压针振和摆动的判定值在不同的企业有不同的标准，一般情况下，各个电解铝企业出于电解槽稳定运行或追求最小工作电压的目的，电压针振和摆动设定值都会存在差异。如某些500kA电解铝系列控制系统界定针振和摆动的系统设定参数就分别为 20mV 和 30mV。

### 7.1.2  电解槽针振和摆动的特征

以 500kA 电解槽的针振和摆动为例，其槽电压（槽电阻）的变化曲线、电压高频波动斜率曲线、电压低频波动斜率曲线，都会在控制系统上位机的监控界面中显现出来。

（1）当电解槽上位机监控界面中的电压高频波动斜率曲线超出系统设定值，就认为电解槽处于电压针振状态。

（2）当电解槽上位机监控界面中的电压低频波动斜率曲线超出系统设定值，就认为电解槽处于电压摆动状态。

### 7.1.3  针振和摆动的原因

引起 500kA 电解槽槽电压针振和摆动的因素很多，包括氧化铝浓度异常、换极作业质量、出铝作业质量、提升母线作业质量、电解温度异常、局部阳极导电异常等。以下是对引起槽电压针振和摆动主要因素的说明。

#### 7.1.3.1  换极作业质量

一般来说，换极作业引起槽电压针振和摆动的主要诱因有以下几个方面：

（1）换极过程中，新阳极高度定位误差过大。

（2）换极过程中，大量的炉面物料落入换极部位，且换极时间过长，换极部位的电解温度、氧化铝浓度发生很大变化。

（3）换极过程中，落入电解质中的壳面块没能打捞干净，挂装新阳极后，部分壳面块会随着电解质运动，导致某些阳极的极距间歇性（或不间断）发生变化，致使阳极电流分布不均匀，电解槽槽电压就发生针振和摆动。另外，在用保温料覆盖新阳极过程中，也存在壳面块落入电解质，进而使槽电压发生针振和摆动的问题。图 7-1 所示为 500kA 电解槽换极作业过程中，槽电压针振和摆动曲线。

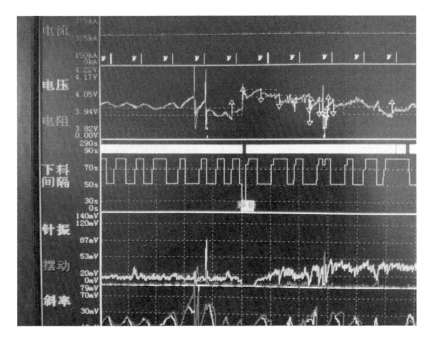

图 7-1 500kA 电解槽槽电压针振和摆动曲线

### 7.1.3.2 出铝作业质量

对 500kA 电解槽来讲，正常情况下，每 24h 应该进行一次铝液吸出作业。一般情况下，每次作业都会使电解槽内的铝液高度下降 2cm 左右，进而造成铝液镜面波动和槽电压波动。

当然，在出铝时间过长、铝液吸出量过多、作业人员出铝过程中对电解槽有过多干扰、出铝过程中电解槽压槽等因素作用下，电解槽槽电压有时会出现较大的针振和摆动。图 7-2 所示为 500kA 电解槽出铝作业后槽电压针振和摆动曲线。

### 7.1.3.3 提升母线作业

提升母线作业时，若母线提升装置抱夹的部分阳极下滑，或部分阳极小盒卡具未紧固到位，致使部分阳极下滑，都会引起电解槽槽电压针振和摆动。图 7-3 所示为 500kA 电解槽提升母线作业后槽电压针振和摆动曲线。

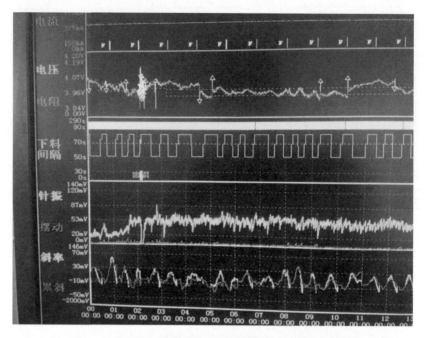

图 7-2　500kA 电解槽出铝作业后槽电压针振和摆动曲线

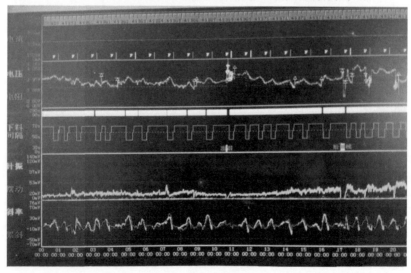

图 7-3　500kA 电解槽提升母线作业后槽电压针振和摆动曲线

#### 7.1.3.4 氧化铝下料问题

需要指出的是，由氧化铝浓度或电解槽下料问题引起的槽电压针振和摆动是 500kA 电解槽日常生产过程中最常见的问题。

由氧化铝浓度或电解槽下料问题引起的槽电压针振和摆动曲线具有一定的规律，如曲线波峰尖锐、出现频次多，期间伴随多次阳极效应等。

在日常生产过程中，诸如打壳和下料设备故障、下料点不畅、下料量小等，都会引起电解槽槽电压针振和摆动。

#### 7.1.3.5 效应引起的针振和摆动

在实际生产中，电解槽技术参数匹配不合理，打壳下料设备、供料系统故障，都有可能引起阳极效应。如果上述问题不能及时解决，就有可能导致电解槽发生闪烁效应或长时间效应。长时间阳极效应或阳极效应无法熄灭问题，会导致炉帮熔化、壳面塌陷，电解质氧化铝浓度异常，从而会出现数值很大的针振和摆动。

#### 7.1.3.6 其他原因引起的针振和摆动

日常生产中，如电解槽炉面维护质量较差、电解温度过低、炉底沉淀增多、伸腿偏大，都有可能引起槽电压针振和摆动。

### 7.1.4 槽电压针振和摆动处理

#### 7.1.4.1 针振和摆动幅值较小

如果电解槽针振和摆动幅值与正常值偏离不大，持续时间不长，且在此期间电解槽没有受到较多外界干扰。作业人员除了对电解槽工作状况和阳极状况进行检查外，尽可能不要调整电解槽阳极电流分布。

此时最有效的方法是：作业人员适量升高槽电压，增加电解槽热收入。

具体做法是：适量升高槽电压，并在控制程序"取消阳移" 1~2h，待电解槽针振和摆动幅值恢复正常后，作业人员逐步将槽电压降至正常值。

#### 7.1.4.2 电解槽针振和摆动幅值偏离大、时间长

如果电解槽针振和摆动幅值偏离大、时间长，作业人员必须及

时测全槽电流分布。如果所有阳极中有超过 1/4 的阳极导电偏高，切忌马上调整阳极极距。为解决上述问题，作业人员应该从以下两个方面着手：

（1）采取人工干预，降低氧化铝浓度。例如，可在控制程序中设置"定时下料"或适当增大下料间隔，控制氧化铝下料量。

（2）辅助人工处理。利用长钩勾带炉底沉淀，检查和处理伸腿及角部问题。

### 7.1.4.3　电解槽技术参数不合理

针对电解槽技术参数不合理引起的针振和摆动幅值偏离大的问题，作业人员必须要有耐心，切忌频繁测、调阳极极距。根据实践经验，面对此类问题，只能从逐步调整电解质水平和铝水平、逐步恢复电解槽热平衡、恢复合理摩尔比、规整炉帮和清洁炉膛等方面下工夫。这是一个周期较长的过程，切忌调整过程中下猛药，也不要追求立竿见影。

### 7.1.4.4　几种操作引起的针振和摆动幅值偏离

#### A　换极作业

（1）作业人员在确保操作过程精细无误情况下，监控曲线仍反映出明显的针振和摆动时，作业人员切忌测、调阳极极距。

（2）针对（1）中情况，作业人员只需适当升高槽电压，过程中辅以"取消阳移"1~2h，待针振和摆动恢复正常后，逐步将槽电压降至正常值。

（3）若是因操作不当引起的针振和摆动偏离，就应该查明原因。若是因新阳极位置不合理，或槽内壳面块未打捞干净的缘故，作业人员应及时调整新阳极位置。为了避免上述问题重复发生，建议精细换极操作，精准取线，加强换极质量检查。

#### B　出铝作业

出铝作业引起的针振和摆动幅值偏离，一般比较容易处理。

作业人员在处理时，主要考虑两个方面的内容：

（1）首先从检查角部阳极（A1、B1、A24、B24）入手。若是因为电解槽某处角部阳极处伸腿过长，致使阳极与伸腿接触，只需将该阳极轻微调高即可。

（2）针对出铝后易发生针振和摆动幅值偏离的电解槽，问题往往是电解槽炉膛内铝液量偏小。这种电解槽只需逐步调整炉膛内铝液量，就可以逐渐消除针振和摆动幅值偏离问题。

C 提升母线作业

结合 500kA 电解槽生产经验，处理提升母线作业后的针振和摆动幅值偏离问题主要从检查阳极电流分布着手：检查阳极有无明显下滑现象，如果有，作业人员必须第一时间将其恢复到原有高度；如果很难看出有无明显下滑现象，需要马上测量全阳极电流分布，找出导电偏大的阳极，微调阳极极距即可。

D 打壳下料问题

因打壳下料问题引起的针振和摆动幅值偏离问题较好处理。

若是打壳下料设备故障，作业人员应该第一时间联系维护人员检修更换；若是下料点不畅，作业人员需要清除下料点堆料，打开下料点，恢复正常下料。

### 温馨提示

（1）掌握电解槽趋势，从小处着手。500kA 电解槽的管理形同"中医治疗"，必须重视小问题、小毛病，以及细小的变化。如果不能及时发现、关注小问题，采取有效措施扭转不好的趋势，就有可能造成更加恶劣的后果。因此，500kA 电解槽必须重视小幅的针振和摆动。

（2）要把技术条件控制作为核心工作来抓。电解槽能否高效平稳运行，取决于其技术参数控制水平。因为良好的技术参数决定了电解槽基本状况。从 500kA 电解槽日常参数管理来看，其对参数变化的反应呈现明显的滞后性。因此，不能为了追求一时的效率而忽视电解槽的长期稳定。

（3）警惕闪烁效应或长时间效应。电解槽发生阳极效应不可避免，但是如果不能科学的管理和认识阳极效应，必将出现很大的麻烦。除大量浪费能耗，更重要的是长时间阳极效应会破坏炉膛，使电解槽槽电压针振和摆动长时间不受控。

（4）作业标准化、规范化和精细化至关重要。虽然 500kA 电解槽的自适应和自调节能力很强，但如果在生产中忽视了标准化作业，不按科学规律管理，都会造成电解槽槽电压针振和摆动。例如，日常作业中换极取线不精准，不打捞落入电解质中的壳面块等，都会引起电解槽的针振和摆动。

（5）避免大面积、频繁调阳极。如果某台电解槽槽电压针振和摆动数值过大，作业人员必须测全槽阳极电流分布，分析测量数据，再对部分阳极极距进行调整。

总之，调整阳极电流分布要坚持"少调微调循环调，能不调就不调"的原则。否则，过度调整会导致阳极电流分布越调越乱，最后难以控制。

## 7.2　电解槽热行程

### 7.2.1　电解槽热行程的定义

当一台电解槽的实际电解质温度高于正常控制范围，电解槽热收入大于热支出时，称电解槽进入热行程。

### 7.2.2　电解槽进入热行程的症状

电解槽进入热行程的症状有：

（1）槽温升高，电解质上涨，铝液高度下降（炉膛变大）。

（2）火苗黄而无力，电解质流动性极好，颜色发亮，挥发大，阳极周围电解质沸腾剧烈，电解槽电流效率降低。

（3）炭渣与电解质分离不好，在相对静止的电解质液体表面有细粉状的炭渣漂浮，用炭渣勺打捞时不上勺。

（4）电解槽炉帮遭到破坏，部分被熔化。由于电解质温度升高，电解质上涨，致使电解槽壳面出现坍塌、冒火、无法结壳问题，严重时局部出现冒烟现象。

（5）测量两水平时，电解质与铝液界线不清，而且水平钎下端变成白热状，甚至冒白烟。

（6）电解槽槽底产生沉淀，电解质中氧化铝浓度升高。

（7）分析电解槽历史运行曲线，可以看到：槽控机长时间执行减量下料、自动控料指令，且电阻、电压曲线呆滞，过程中不发生阳极效应。

（8）严重热槽时，由于电解质温度很高，整个电解槽无炉帮和表面结壳，冒白烟，红光耀眼。此时，电解质黏度很大且不沸腾，流动性极差，阳极基本停止工作，从槽内取出的电解质冷却后砸碎，会发现电解质包裹碳粒。

### 7.2.3 电解槽出现热行程的原因

电解槽出现热行程的原因为：

（1）槽电压设定高于正常范围，极距保持过高，使电解质压降增大，槽电压偏高，槽内热收入过多。

（2）阳极极距过低，使铝的二次反应加剧，二次反应释放的大量热量造成电解槽温度升高。

（3）阳极效应处理不及时或处理方法不当，引发持续长时间效应，造成电解槽温度升高。

（4）电流分布不均匀，局部出现偏流，造成局部过热现象。

（5）电解槽内铝水平过低，阳极覆盖料过厚，槽底和上部散热量减小也会使铝电解质温度过高。

（6）电解质水平过低，使氧化铝溶解能力差，进而槽底产生大量沉淀，引起槽底发热。同时，电解质水平过低，电解槽的热稳定性也会变差，容易引起热槽。

（7）各类异常槽、针摆槽往往会向热行程转变。

（8）炭渣富集过多，且未能及时打捞或阳极长包也会造成热槽。

### 7.2.4 普通热槽的处理

热槽的处理要分析产生的原因,然后针对不同的原因采取不同的措施,对于普通热槽的处理为:

(1) 因设定电压过高造成的热槽,通过逐步降低设定电压即可减少电解槽的热收入。

(2) 因槽内铝水平过低、铝量过小引起的热槽,通过减少出铝量或采取向槽内添加固体铝的方法增加槽体散热。

(3) 保温料过厚的要适当减小保温料厚度,加强散热。

(4) 针对一般热槽,建议适当保持较高的电解质水平,以增加电解槽的热稳定性。

(5) 针对槽内炭渣较多引起的热槽,做好炭渣打捞工作,保持电解质清洁即可。

### 7.2.5 异常热槽的处理

对于异常热槽的处理关键在于认真检查槽况,正确分析判断产生热槽的原因,对症实施处理措施,切不可急于求成。判断不正确就急于处理,不但不能使热槽恢复,反而会引起更严重的后果。针对问题较严重的热槽,一般通过分析电解槽电解质水平、铝水平设定电压、炉膛情况、炉底情况、阳极电流分布等。具体处理方法如下:

(1) 若是阳极极距过低,铝的二次反应加剧造成的热槽,首要的是将极距调整至合理区间,减少二次反应产生的热量。

(2) 长时间效应造成的热槽或其他原因形成的热槽,不能盲目通过降低极距来降低电解温度。因为热槽的电解质压降大是由于电解质电阻大引起的,所以要通过加入冰晶石或固态铝的手段来为电解质降温。

(3) 槽内沉淀或结壳多造成的热槽,要通过处理炉底沉淀和结壳,或通过调整下料量等条件逐步消除炉底沉淀、结壳。

(4) 因电流分布不均匀形成的热槽,若是炉底沉淀过多引起的电流分布不均匀，要集中处理该部位的沉淀；若是因阳极长包或掉块造成的电流分布不均匀，要及时处理异常阳极。

（5）因电解质压降大引起的热槽，可以在短期内打开罩板或阳极壳面，目的是增加上部散热，而后向电解槽内撒加适量冰晶石。这样做可以有效降低电解质温度，促使电解质内的炭渣分离，降低电解质压降。

（6）异常槽、针摆槽造成的热槽，首先要采取措施使铝电解槽恢复正常，再处理槽温高的问题。

（7）严重的热槽可以通过倒换电解质来降低电解质温度。

**温馨提示**

（1）处理热槽时，尽可能避免使用过多的氟化铝来降低电解质温度，否则会使电解质初晶温度下降，过热度过大，不利于热槽处理。

（2）处理热槽时，根据现场实际情况，必须控制电解槽中氧化铝下料量。

（3）热槽好转后，电解槽炉底往往仍存在大量的沉淀，但这种沉淀比较疏松，容易熔化，所以可以在此时辅以人工处理，效果会更好。

（4）在热槽恢复阶段，要严格控制电压的降低幅度，合理掌握出铝量，保持合理下料间隔，允许有适量的阳极效应。如果处理不好，热槽可能会反复。

## 7.3 电解槽冷行程

### 7.3.1 电解槽冷行程的定义

电解生产中，当电解槽的热收入小于热支出时，电解槽会走向冷行程，生产中称为冷槽。

### 7.3.2　电解槽进入冷行程的症状

冷槽在初、中、后期表现出的症状因轻重程度有区别：

（1）冷槽初期，电解质温度和高度下降，铝液高度上升，电解质压降增大，铝电解槽时常出现异常电压或电压针摆等。从现场可观察到的现象有：电解质颜色发红，黏度大，流动性差，阳极气体排出受阻，电解质沸腾困难，火眼中冒出的火苗软弱无力，颜色蓝白。

（2）冷槽发展到一定阶段，"冷槽初期"中所述的问题继续恶化；阳极效应频繁发生，时常出现"闪烁"效应和效应难以熄灭问题。若"冷槽初期"中所述的问题继续恶化，会使电解槽出现其他病状，如炉膛局部肥大、局部伸腿伸向炉底、炉膛变得不规整、炉底沉淀增多等，甚至出现阳极偏流、阳极脱落等严重问题。

（3）冷槽发展到后期，最主要的表现是：炉底有厚沉淀或坚硬的结壳，炉膛极不规整，局部伸腿与炉底结壳结成一体，阳极中缝沉淀形成"山脊"，阴极和阳极偏流，会使电压针摆大，有时出现滚铝问题。

随着炉膛和炉底的恶化，电解质高度会降低，阳极效应频繁发生且效应电压很高，严重时出现滚铝。此时，电解槽都需要维持很高的电压（4.3V 以上）才能勉强维持工作。

冷槽发展到最严重时，电解质沉于炉底，铝水飘浮在电解质以上，槽电压会自动下降到 2V 左右。此时，极有可能出现阳极脱落事故。

### 7.3.3　电解槽出现冷行程的原因

电解槽出现冷行程的原因为：

（1）槽电压设定（或控制）值低于正常范围，导致热收入小于正常热支出。

（2）电解槽的散热高于正常值，导致热支出大于正常热收入。引起散热偏大的原因是多方面的。例如：过量的氟化铝会导致电解质摩尔比降低、过热度偏大，进而使侧部炉帮和炉面的散热量增大；出铝量偏少，使铝液高度升高，从而增大电解槽槽底和侧部散热量；阳极覆盖料不足，使电解槽炉面散热量增加。

（3）电解槽的下料量明显高于正常值，加热、溶解多余物料会导致热支出大于正常热收入。需要说明的是，因物料问题造成的冷槽很容易转化为热槽。

（4）换极、维护等人工作业不规范，如换极时间过长或人为下料量过多也会引起冷槽问题。

### 7.3.4  冷槽的检查与处理

（1）若是因槽电压设定或控制值偏低造成的冷槽，在查出原因的基础上，使电解槽工作电压恢复到正常范围，或将工作电压调整并保持在略高于正常电压的范围内，目的是尽快回复电解槽热平衡。待热平衡恢复后，再将槽电压调整至正常范围。

（2）若是因氟化铝添加量偏大、出铝量偏小、阳极覆盖料不足等造成的冷槽，则应该逐步使氟化铝添加量、出铝量、阳极覆盖料厚度等回归到正常范围，调整过程中避免出现"矫枉过正"的问题。

（3）若是因换极等作业活动不规范引起的冷槽，则应适当提高电解槽工作电压，加强炉面保温，或延长基准下料间隔，从而使热平衡回归正常。

（4）如果不能及时发现和处理初期冷槽，任其发展到中后期，就需要有针对的制定冷槽处理方案。中后期冷槽一般需要从以下几方面采取措施：

1）适当提高电压设定值，或提高电解槽工作电压，增加热收入；适当加强电解槽炉面保温（但是需要避免物料进入铝电解质），提高电解质高度、避免电解槽出现过大的针振和摆动，避免炉膛恶化。

2）调整控制系统中与下料相关的参数，适当延长下料间隔，并缩短效应等待时间，利用系统停料或阳极效应加快炉底沉淀的消耗，但这种做法必须要有个度，否则会适得其反。

3）严格操作要求，主要体现在出铝量方面。即通过适当增加出铝量来提高炉底温度，生产中称为"撒铝水"。但"撒铝水"的前提是电解槽必须要平稳。

（1）处理冷槽时，绝对不能将希望全部寄托在增加极上保温料厚度一个方面，否则可能会适得其反。

（2）处理冷槽时，如果需要"撒铝水"，必须坚持"少量多次"的原则，切忌幅度过大。

（3）铝电解槽槽型越大，从系列安全的角度来讲，要尽可能保持适宜的电解质温度，不宜追求长期低温生产。

## 7.4　阳极长包

### 7.4.1　阳极长包的定义

在铝电解过程中，阳极炭块底掌的局部位置，因附着有不导电的物质而不参与电化学反应，从而该部位的消耗要明显慢于其他部位，久而久之，阳极的这个部位凸出，这种现象就称为阳极长包。阳极长包主要分为沉淀包和炭渣包。

### 7.4.2　阳极长包的症状

阳极长包的症状为：

（1）阳极长包共同的特点是电解槽在一定的时间内不发生阳极效应。即便发生了阳极效应，效应电压也会很低，且电压不稳定。

（2）长包开始时，电解槽会有明显的电压针振。但是，一旦长包伸入铝液，槽电压反而变得较稳定。

（3）阳极长包过程中，长包阳极工作无力，对应位置的槽底沉淀会迅速增加，随时间延续，电解槽会逐渐返热。

### 7.4.3 阳极长包的原因

#### 7.4.3.1 沉淀包形成的原因

沉淀包形成的原因为：

（1）炭阳极底掌的局部黏附了不易导电的氧化铝沉淀，致使该部位不易发生阳极反应。

（2）降低阳极或出铝作业中，阳极的局部与伸腿上的沉淀接触，这些沉淀可能会黏附在阳极底掌上，结果就会导致局部长包。

（3）个别阳极发生下滑，阳极底掌可能会粘黏炉底沉淀。作业人员尽管阳极恢复原有高度，但粘黏的沉淀很可能会继续附在阳极底掌的某些位置，这种情况下阳极也有可能长包。

（4）电解槽滚铝时，铝液有可能夹带沉淀物接触阳极底掌，这些沉淀也有可能附着在阳极底掌的局部。

#### 7.4.3.2 炭渣包形成的原因

炭渣包形成的原因为：

（1）从铝电解质中分离出的炭渣未能及时、彻底打捞干净，重新裹入电解质中，使电解质压降增大，极距得不到释放。在这种情况下，炭阳极的局部很有可能出现长包现象。

（2）电解质黏度大，槽内炭渣多且分离不好的电解槽，很有可能会因为炭渣附着到阳极底掌的局部，形成阳极长包。

### 7.4.4 阳极长包的处理方法

#### 7.4.4.1 沉淀包的处理方法

沉淀包的处理方法为：

（1）首先要确定长包的位置。作业人员换极时，可以借助铁钎检查相邻阳极是否长包，也可以通过测量阳极导电能力进行判断。如果某个阳极导电能力远远强于其他阳极，或明显出现钢爪发红、局部壳面熔化等现象时，可以利用多功能机组将该阳极拔起，确认该极是否长包。

（2）若阳极长包较小，作业人员可以利用大耙，将长包位置刮掉，然后将该阳极定位高度升高 1~2cm 即可。

（3）若阳极长包较大，无法用大耙刮掉，则应该将该阳极吊出。作业人员用镞子（现场工具）将长包位置包打平后，重新定位、安装阳极，过程中阳极定位高度提高 1~2cm。

（4）若阳极长包很大，无法打掉，则可用热残极将其换下。没有热残极也可以使用冷残极，但尽量不使用新极（新阳极导电缓慢，可能会使部分阳极导电过大，进而脱落）。

（5）处理长包阳极后，作业人员应测量全槽阳极电流分布，对局部导电偏大的阳极进行微调（若压降数值不大，尽可能不调），确保电流分布均匀。

（6）如果一次处理彻底，调整好了阳极电流分布，槽温很快会降下来，阳极工作有力，炭渣分离良好，一两天内即可恢复正常运行。

#### 7.4.4.2  炭渣包的处理方法

炭渣包的处理方法为：

（1）处理方法可参照沉淀包的处理方法中的（1）（2）方法。

（2）电解槽日常管理过程中，分离出来的炭渣要及时彻底的打捞，目的是降低电解质压降。

（3）电解槽换极过程中，加强操作质量，对浮游在电解质表面的炭渣应当一次性捞出。

## 7.5  阳极脱落

电解槽在生产过程中，某些阳极因通过电流偏大，发生阳极炭块脱落、爆炸焊块脱落、阳极整体滑落现象，并对其他阳极导电能力产生影响的事件，称之为阳极脱落。

### 7.5.1  阳极脱落的主要原因

以 500kA 电解槽为例，其在正常生产时需要挂装 48 块阳极。由于换极作业、提升母线作业、电解槽的炉膛状况等因素都会影响阳极电流分布，所以在某些情况下，会出现阳极脱落，有时候甚至出现连续脱极。

造成电解槽阳极脱落的最主要原因是阳极电流分布不均匀引起的阳极偏流。造成阳极偏流的因素包括：

（1）电解槽中液态电解质过低（一般低于10cm），阳极浸入电解质深度过浅，阳极底掌稍有不平，就会造成电流局部集中，进而形成偏流。

（2）部分电解槽炉底沉淀和结壳多且薄厚不一，造成阴极电流集中从某些阳极通过，进而造成部分阳极偏流。

（3）换极操作或提升母线作业时，阳极卡具紧固不一致或未紧固，致使个别阳极下滑，而过程中又未及时发现和处理，从而造成部分阳极偏流或多组阳极脱落。

（4）电解槽在正产生产时电压监控不当，若长时间低电压或压槽，部分阳极又与人造伸腿或炉底沉淀接触，也极有可能造成阳极偏流和脱极。

（5）当然，当阳极的组装质量存在缺陷时，例如爆炸焊块质量不过关、磷生铁浇铸存在问题等，也会造成阳极在使用过程中脱极。

（6）当电解槽维护质量存在问题时，部分阳极会因为长时间裸露在空气中的缘故，逐步氧化，最终也有可能造成阳极脱落。

### 7.5.2　阳极脱落的处理

处理电解槽阳极脱落的原则：一是首先确保其他阳极的电流分布正常，避免出现"换一块，脱几块"的恶性循环；二是若发生多组阳极脱落事故，作业人员应根据实际情况，尽可能用热极换出脱落阳极，避免用新极换出脱落极后发生的再次脱极和槽况恶化现象。

#### 7.5.2.1　单组阳极脱落的处理

因换极、提升母线作业及其他因素造成单组阳极脱落时，参照以下步骤处理：

（1）作业人员发现问题后，马上测量已脱落的阳极邻极、对极和钢爪发红阳极电流分布。调整钢爪发红阳极和其他导电偏大阳极极距，确保不再脱极。

（2）作业人员在确保其他阳极不再脱落前提下，利用多功能机组换出已脱落阳极（最好能挂装热残极）。

（3）处理完已脱落阳极后，测量电解槽全槽电流分布，重点关注已换阳极的邻极、对极导电情况。

（4）处理过程中，作业人员根据测试数据，可以再次微调导电偏大的阳极极距。

### 7.5.2.2　多组阳极脱落的处理

处理多组阳极脱落的原则是：情况一旦不受控，系列马上要断电。具体步骤为：

（1）当 500kA 电解槽单侧阳极脱落数量不超过 4 组（8 块），双侧不超过 7 组（14 块）时，可以参考以下步骤：

1）若阳极仍继续脱落，且阳极脱落时间短，无法处理时，系列马上断电。

2）若阳极继续脱落，但脱落间隔时间长，则现场负责人可以要求降低系列电流强度，为抢救作业赢得时间。

3）待系列电流强度降低后，必须确保电解槽内有足量的液态电解质，否则马上补充。

4）在液态电解质足量的情况下，由专人负责监控槽电压，作业人员立即测量阳极电流分布，并根据测试数据，调整未脱落阳极极距，确保其他阳极不再脱落。

5）作业人员在确保其他阳极不再脱落前提下，利用多功能机组快速换出已脱落阳极，换极过程中尽可能将相邻电解槽内热残极换入。

6）待换出所有已脱落阳极后，作业人员测量一次电解槽全槽阳极电流分布，微调导电偏大的阳极极距。完成上述作业后，逐步恢复系列电流。恢复过程中，需继续监控全槽阳极电流分布。

7）处理过程中，若出现电解质偏少、铝液上漂、槽电压过低现象，作业人员要迅速从其他电解槽内抽取液态电解质，补充事故电解槽。

（2）在 500kA 电解槽单侧阳极脱落数量超过 4 组（8 块），双侧超过 7 组（14 块），且无法控制阳极继续脱落的情况下，应该立即切断系列电流。

（1）作业人员在日常电解槽巡视过程中可以通过以下 3 个现象判断是否发生脱极：

1）阳极钢爪是否发红。

2）阳极壳面塌壳，塌壳处火苗发黄。

3）阳极脱落时，电解槽常伴有电压摆动或间歇性压槽现象。作业人员需要特别关注此类问题，应该到现场查看，及时测量全槽阳极电流分布。

（2）在为脱极的电解槽更换热残极时，要使用"丁"字尺，对热残极的安装位置进行初步确定。其后，再通过测量电流分布，调整热残极安装位置。

## 7.6 压槽

### 7.6.1 压槽的定义

压槽是指因极距保持过低，导致电解质不沸腾，或因炉腔不规整而导致阳极接触炉底沉淀或侧部炉帮的现象。压槽可分为短时间压槽和长时间压槽两种情况。

### 7.6.2 压槽的处理方法

短时间压槽的处理方法为：

（1）如果因现场巡视不到位造成极距过低引起的压槽，只需把极距抬到正常或比正常稍微偏高即可。

（2）极距拉开后，适当进行人工控料，尽快降低氧化铝浓度，甚至发生效应效果会更好。

长时间压槽的处理方法为：

（1）应首先把阳极抬高，离开沉淀结壳或炉帮，再测量全槽电流分布，也可通过观察区域性火苗状况，如果火苗软而无力且明显发红，则需对区域性阳极进行及时调整。

（2）如果因长时间压槽造成电解质收缩严重，则应迅速灌入液体电解质，然后拉开极距。

（3）对于造成长时间压槽的电解槽，人工控料是至关重要的，最好持续控料直至发生效应，彻底清理阳极底掌，以促进电解槽恢复。

（4）待压槽恢复好转后，应当全面细致的测量全槽电流分布，并做好相关记录，综合评估把握电解槽状态。

## 温馨提示

（1）压槽一般都出现在出铝后或出铝时，此时要特别注意，加强监控。

（2）压槽抬电压前一定要打开前后炉门检查确认电解质状况，抬电压时边抬边观察，严防发生事故。

（3）压槽电压抬起后要根据现场情况适当拉大 NB 间隔，帮助降低氧化铝浓度。

（4）压槽处理正常后，通过自动控制，电压要尽快回到正常范围，严禁长时间人工"取消阳移"，以免破坏电解槽的其他平衡。

## 7.7　难灭效应

### 7.7.1　难灭效应的定义

难灭效应是指在铝电解生产中，由于电解槽内物料原因或处理方法不当，造成效应延续时间较长甚至出现数十分钟内无法熄灭的现象。

### 7.7.2　难灭效应形成的原因

难灭效应形成的原因主要包括以下两个方面：

（1）电解质中含有悬浮氧化铝，导致电解质中氧化铝悬浮的原

因有:

1)出铝过多使槽内结壳沉淀露出铝面,由于铝液的波动而使沉淀进入电解质中造成氧化铝过饱和。

2)由于压槽,出现电流分布不均而引起滚铝时,槽内沉淀被滚动的铝液带入电解质中而形成氧化铝含量过饱和。

3)由于炉膛极不规整,当发生效应时引起磁场变化,使铝液滚动将沉淀卷起而带入电解质中,形成氧化铝悬浮状态。

4)在电解槽发生效应时,由于电解质温度低,熄灭效应方法不当而频繁人为大下料造成下料过多,使其中一部分氧化铝悬浮于电解质中。

(2)电解质含炭,因为含炭槽是过热的,电解质发黏,湿润性恶化,如果效应处理不当(如不适当地添加氧化铝等),炭渣仍然分离不好,会使电解质对阳极湿润进一步恶化,效应就更加难以熄灭。生产实践表明,电解质含碳所引起的难灭效应多在电解槽启动初期发生,正常生产过程中很难出现电解质含碳。

### 7.7.3 难灭效应的处理方法

#### 7.7.3.1 效应初期

针对不同的诱因,采取相应的措施。

(1)出铝后发生的难灭效应,必须抬高阳极,向槽内灌入适当的液体铝或往沉淀少的地方加入适量铝锭,将炉底沉淀和结壳盖住,然后加入电解质块或冰晶石,以便熔解电解质中的过饱和氧化铝和降低温度,待电压稳定、温度适当即可熄灭。

(2)因压槽滚铝发生的难灭效应,必须将阳极抬高离开沉淀为止,当电压稳定后,可熔化一些冰晶石降低电解质温度和提高电解质水平,使电解质中悬浮氧化铝被溶解,待温度上升后再熄灭。

(3)因炉膛不规整而滚铝引起的难灭效应,首先要抬起阳极,人为辅助规整炉膛,当电压稳定后再熄效应。

(4)槽内沉淀多电解质水平低,人为造成的难灭效应则必须提高电解质水平,多加热一会,然后再熄。

（5）以上方法均不见效时，可利用降电流和停电方法迫使效应回去。

### 7.7.3.2　含碳处理

含碳处理方法为：

（1）在确保安全的情况下，应保持较高的极距。

（2）因电解质含碳而发生难灭效应时，要根据现场实际情况向槽内灌入适当的铝液或添加适量铝锭和冰晶石来降低电解质温度，也可以进行电解质倒换，改变电解质成分，以促进炭渣分离出来后，立即熄灭效应。

（1）慎重加料。尤其是由于电解质中含有大量悬浮氧化铝引起的难灭效应，优先要控制下料，降低氧化铝浓度，绝对不能通过大量添加氧化铝来处理效应。

（2）效应熄灭的判断标准。当难灭效应熄灭后，一般电压较高，观察阳极四周开始有气体排出，并伴有电解质跳动现象，此时判断效应已灭。

（3）效应后电压管理。难灭效应熄灭后电压较高，但总体会呈缓慢下降趋势，此时千万不要通过人为手动操作来强行降低电压，但现场必须由专人监控。

（4）当效应熄灭后出现滚铝时，要优先处理滚铝，然后处理效应。

（5）效应持续时间较长时，要特别注意防止发生侧部漏槽事件。

（6）效应熄灭后，为了加快恢复速度，可打开壳面，在电解质表面撒加冰晶石，促使炭渣分离，降低槽温，同时增加了电解质量，加速悬浮物的溶解，加快槽况恢复，但切忌通过加入大量氟化铝来降低槽温。

## 7.8　电解槽的早期破损

### 7.8.1　电解槽早期破损的定义

电解槽在铝电解启动和生产过程中，在没有达到生产寿命，由于槽底或侧部炭素材料受到破坏，导致炉底隆起、阴极炭块断裂、阴极炭块形成冲蚀坑、阴极炭块层状剥离、扎缝糊起层、穿孔、纵向断裂，侧部炭块破损等称为电解槽的早期破损。

### 7.8.2　早期破损的原因

早期破损的原因为：

（1）焙烧过程偏流严重。生产实践证明，电解槽的运行寿命与焙烧启动有直接关系，好的焙烧启动技术对延长槽寿命非常有益。焦粒焙烧最重要的就是要避免在焙烧的过程中出现偏流，否则会造成阴极局部升温过快，导致局部阴极迅速膨胀变形，加快破损。

（2）启动过程长时间高温。如果电解槽在启动过程中因异常情况（如发生长效应或难灭效应等）造成长时间高温现象，会使阴极急剧膨胀变形，加快破损。

（3）启动初期技术条件失衡。如果电解槽在启动初期因管理失误造成技术条件失衡，也会加快破损。如铝水平过低、槽温过高、加料过多等。

（4）启动后期管理不到位。如果电解槽启动后期的管理不到位，如槽温过低、沉淀过多、结壳过厚、操作粗糙、炉帮过薄等，这些因素都会加快电解槽的早期破损。

（5）筑炉材料质量原因。由于500kA电解槽槽型尺寸较大，启动后对应的槽壳及内衬材料都会有一个较大幅度的累积尺寸变形，这也是造成电解槽早期破损的一个主要原因。

### 7.8.3　早期破损的修补方法

早期破损的修补方法有以下两个方面：

（1）阴极剥蚀坑、阴极断裂、阴极裂缝。对于阴极剥蚀坑、阴极断裂、阴极裂缝等的修补，只要能找准破损部位，最常用、最有效的方法则是使用高密度物料进行填补，如清包料、炉底沉淀等。修补 24h 后要合理调整技术条件，保持合理的电解质温度，平稳的两水平，防止发生热槽，以免填补材料完全熔化，且要及时取样化验，分析铁含量变化趋势，验证修补效果。

（2）侧部裂缝、破损。侧部裂缝或破损的修补方法主要有两种。一是如果裂缝较小或破损程度较轻，则使用人工贴补炉帮的方法。具体做法是：打开破损部位，将一定量的细小破碎块（直径不超过 5cm）、氧化铝充分混合后，顺着破损部位两侧，沿着作业面加入铝电解槽内。作业人员在加入混合料后，贴边从上往下垂直进行捣砸，如一次不见效，可连续多次处理。二是如果裂缝较大或破损严重，则可直接更换侧部炭块。

### 7.8.4　早期破损的预防

早期破损的预防手段有：

（1）焙烧启动期。启动初期，一是要加强焙烧启动管理，杜绝出现偏流或长时间高温等现象；二是要合理控制技术条件，严防条件失衡。

（2）正常生产期。正常生产过程中要合理摆布技术条件，控制合理的过热度，减少炉底沉淀，建立稳定规整的炉膛内型。

温馨提示

（1）修补破损部位之前，要尽可能准确判定破损部位，提高修补效果；修补过程尽可能小幅多次，避免因修补力度过大造成电解槽波动。

（2）当电解槽出现早期破损时，一定要认真分析破损原因，并制定切实可行的防范措施，避免趋势扩大。

（3）电解槽正常管理过程中要特别关注原铝质量变化，特别是铁含量的变化，如果不是因阳极化爪、化锤头等造成的铁含量突然上升，则判断为阴极破损。

（4）修补后的电解槽，要严格控制阳极效应系数和效应持续时间，避免因效应产生大量热量，熔化填补材料。

（5）修补后的电解槽，严禁用铁工具钩扒炉底，避免破坏修补处的填补物。避免各类病槽的发生，尽量保持电解槽正常稳定运行，如有异常，要及时查明原因，尽快排除。

## 7.9 滚铝

### 7.9.1 滚铝的定义

一般情况下，电解槽发生滚铝时，铝液从炉膛底部泛起，然后沿电解槽四周或一定方向沉下，形成漩涡。严重时，铝液上下翻腾，在槽内剧烈波动，铝液连同电解质从下料口、出铝口等位置剧烈喷溅出来。滚铝可以根据严重程度分为局部滚铝和全槽滚铝。

发生滚铝的电解槽特点为：

（1）通常，一些炉膛畸形、炉底沉淀多且分布不均匀的电解槽在铝水平过低或电流分布不均匀情况下会发生滚铝。

（2）部分电解槽尽管炉膛相对规整且炉底沉淀不多，但由于炉膛内铝液高度过低，铝液中水平电流密度过大，也可能会发生滚铝。

（3）在某些情况下，电解槽的阴极和阳极电流分布极不均匀，尤其是阳极电流分布紊乱且部分阳极不工作时，也会诱发滚铝现象。

滚铝时具体现象为：

（1）电解槽发生滚铝时，槽电压会明显波动，滚铝越剧烈，电压波动越剧烈，过程中电解质、铝液还会从炉膛内剧烈喷出。

（2）电解槽内铝液和电解质波动明显，过程中伴随着铝液翻腾到电解质表面现象。随着铝液的翻腾和旋转，电解槽火眼处时不时出现软弱无力的黄火苗。

（3）滚铝较严重时，电解质和铝液分离不清。作业人员将铁钎插入炉膛，基本无法分清电解质和铝水的分界线。

### 7.9.2 滚铝原因

电解槽发生滚铝的原因是多方面的，但是根本原因是由于电解槽相对合理的电流分布被破坏，紊乱的电流在电解槽内形成不平衡的磁场。不平衡的磁场产生紊乱的磁场力并作用在导电铝液上，使铝液不规则运动加速，从而造成滚铝。造成电解槽滚铝的具体因素有以下 5 点：

（1）炉膛畸形，炉底沉淀过多。需要指出的是，易发生滚铝的电解槽炉膛一般都不会很规整。即此类电解槽炉底状况一般都是沉淀多、沉淀分布广，且炉底结壳厚。日常生产中，此类电解槽的阳极电流分布稍有异常或铝水平波动过大，都有可能引起滚铝。

（2）过量物料进入电解槽。在 500kA 电解槽日常管理过程中，必须要防止过量氧化铝物料进入炉膛。现场实践表明，过量氧化铝物料进入炉膛后，会使液态电解质在短时间内迅速减少，情况严重时，这些物料甚至会在局部顶住阳极。如果不能及时处理此类情况，则会诱发滚铝。

（3）现场误操作。在日常生产中，个别电解槽出现电压偏低或压槽也算是常见问题，但是如果现场操作人员在发现上述情况后，在未经确认的情况下就盲目抬升阳极，甚至在抬升阳极过程中使部分阳极与电解质脱开，这样就会使部分阳极偏流，如不及时应对，偏流情况就会恶化至整个电解槽，最终引起滚铝。

（4）电解质严重偏低。如（3）所述，电解质偏低会引起阳极偏流、氧化铝物料沉淀等一系列问题。在实际生产过程中，如果一台 500kA 电解槽的电解质偏低，会使部分阳极不能完全浸入电解质中，进而使电解质工作状态变差，炉底氧化铝沉淀增多，阳极闪烁效应频发，如果不能及时处理，极易引起严重滚铝。

（5）电解质温度。过高的电解质温度和过低的电解质温度都有可能引起电解槽滚铝。电解质温度对 500kA 电解槽的影响是非常显著的。若一台电解槽的电解质温度长期处于较低状态，会引发电解质减少、炉底沉淀增多、炉膛变形等一系列问题，还会使电解质与铝液间密度差变小。在某些情况下，此类电解槽稍有异常，就有可能引起滚铝。

### 7.9.3 滚铝事故的预防和处理

#### 7.9.3.1 滚铝事故的预防

500kA 电解槽生产过程中发生的滚铝问题是可以预防的。结合现场实践经验，避免电解槽长时间处于冷行程或热行程是确保电解槽稳定运行的核心问题。而及时消除过多的电解槽炉底沉淀或结壳又是避免滚铝的实际手段。

在处理 500kA 电解槽炉底沉淀时，要循序渐进，处理过程要充分借助槽控机系统的浓度控制功能，再辅助人工干预，如停料或控料的同时勾带炉底沉淀，换极时用长钩勾带炉底或用钢钎捅扎沉淀结壳。严禁直接使用多功能机组的抓斗抓取沉淀，以确保炉底相对平整。

#### 7.9.3.2 局部滚铝（轻微滚铝）的处理

针对因炉底炉膛不规整、炉底沉淀过多或部分阳极偏流造成的局部（轻微）滚铝，作业人员一定要及时、谨慎应对。处理局部（轻微）滚铝可以参照以下步骤：

（1）作业人员迅速找出滚铝位置，并根据电解槽运行状况判断出造成滚铝的诱因和根本原因。例如，电解槽是否长期处于冷行程或热行程，电解槽是否短时间内进入了大量的氧化铝物料，电解槽炉底是否存在大量沉淀或结壳，电解槽滚铝前是否压槽或长时间低电压运行。

（2）作业人员迅速多点测量电解槽电解质高度和铝水高度及电解质温度，重点确认电解质高度。

（3）在确定最终处理方法前，作业人员尽可能不要盲目调整滚铝位置的阳极电流分布，同时也不要盲目升高槽电压。

（4）经过判断，若是炉底沉淀过多造成的局部滚铝，且电解槽电解质的量足够，可以通过调整滚铝部位的阳极电流分布或适当升高槽电压来缓解或消除局部滚铝；若电解槽电解质的量很少，那此时就不应该调整滚铝部位的阳极电流分布或升高槽电压，需要尽快向槽内补充足量液态电解质，然后再根据情况适当升高槽电压或调整阳极电流分布。

（5）若是发生局部滚铝的电解槽长时间处于热行程，电解质表面温度高，且炉底布满氧化铝沉淀，局部的阳极不工作，现场作业人员就要根据实际情况对电解质进行降温处理，使不工作的阳极恢复工作状态。情况严重时，且炉膛尚有一定空间，可以向电解槽内灌入适量液体铝，灌入铝液后，再根据实际情况进行处理。

### 7.9.3.3　严重滚铝的处理

严重滚铝的处理方法为：

（1）针对严重滚铝的电解槽，在状况可控时，作业人员可以参照局部（轻微）滚铝的处理步骤。

（2）需要指出的是，电解槽在发生严重滚铝时，需要对槽周母线、短路口及槽控机等进行保护，避免发生更严重事故。

（3）在情况严重时，可以降低系列电流，减小电解槽中的铝液波动，进而采取缓解滚铝的相关措施。待滚铝问题缓解后，再逐步恢复系列电流。

**温馨提示**

（1）电解槽滚铝现象发现的越早越好，处理的越及时越有利于槽况恢复。滚铝过程中测取的阳极电流分布数据不具备参考意义，因此不能据此盲目调节电流分布。

（2）处理滚铝时，宁可多灌入液态电解质，决不能盲目灌入铝液或者急于添加铝锭，否则会使电解槽电解温度迅速下降，使滚铝加剧或持续更长的时间。

（3）500kA 的大型电解槽，在处理滚铝时不能单纯依靠升高槽电压一种手段来解决问题。必须在保证炉膛内液态电解质量充足前提下逐步升高槽电压，防止出现阳极偏流。

（4）电解槽滚铝症状缓解后，不要急于降低槽电压。因为此时电解质中的炭渣未完全分离。碳渣分离后，应及时打捞炭渣，清洁电解质，待电解槽的针振摆动数值降低后，开始逐步降低工作电压。

（5）由于滚铝会使电解槽炉帮迅速熔化，因此在处理滚铝的同时还要做好电解槽的防漏工作。

（6）处理电解槽滚铝的过程中可以根据现场实际情况，采取降低系列电流强度来缓解滚铝，但持续时间不宜过长。

（7）严重滚铝时，停槽工具及停槽人员要同步到位，同时与供电系统建立畅通渠道，随时做好停电准备。

（8）处理滚铝的全程，电解槽应当停止下料或进行控料，尤其是大量物料进入引起的滚铝，更要坚持上述做法。

## 7.10　漏炉

在铝电解生产过程中，受焙烧启动质量或后期管理不当因素的影响，电解槽炭素阴极、人造伸腿或侧部碳化硅结合氮化硅耐火砖受高温液态物质侵蚀，液态铝液或电解质从槽壳侧部、阴极钢棒或阴极底部的缝隙渗漏出来，就会造成电解槽漏炉。严重时会造成铝电解系列停电。电解槽漏炉分三种情况，即侧部漏炉、钢棒漏炉和底部漏炉。

### 7.10.1　侧部漏炉

#### 7.10.1.1　侧部漏炉原因

造成电解槽侧部漏炉的原因是：液态铝液或液态电解质沿阴极与人造伸腿间缝隙、侧部碳化硅结合氮化硅耐火砖缝隙或侵蚀孔洞，渗透至槽壳钢板，并熔穿钢板，造成侧部漏炉。

#### 7.10.1.2　侧部漏炉位置判断

一般情况下，侧部漏炉的位置在电解槽阴极钢棒的上部侧壁或电解槽两个短侧的上部散热孔处。具体可以参考以下判断标准：

（1）侧部漏炉过程中，漏点的液柱从左侧向右侧喷射，那么炉膛内的渗漏点应该在漏点的左侧位置；同样的，液柱从右侧向左侧喷射，那么炉膛内的渗漏点应该在漏点的右侧位置。

（2）一般情况下，漏点液柱的喷溅力度与炉膛内渗漏点大小、高低有一定的关联。炉膛内渗漏点与侧部漏点的高度差越大，液柱喷溅的越激烈。

（3）如果漏点在阴极钢棒上部的钢板处，漏出的液体主要是液态电解质或夹带少量铝液，且液柱喷溅无力，那么炉膛内的漏点一般位于侧部炭块与人造伸腿的结合位置。

### 7.10.1.3　侧部漏炉的处理方法

侧部漏炉的处理方法为：

（1）发生侧部漏炉后，作业人员快速使用防护挡板或其他物体将暴露在漏点位置的阴极母线保护起来。

（2）相关人员迅速到现场，由专人负责监护槽电压。一般情况下，500kA 电解槽漏炉时的槽电压不得超过 5V，超过 5V 时，应手动降低阳极。与此同时，由专人到电解槽的槽下值守。

（3）作业人员将应急物资和多功能机组迅速运至或吊至漏槽现场。作业人员利用多功能机组打开侧部漏炉位置的氧化铝壳面，并将应急壳面块吊运、添加到打开位置，同时其他作业人员利用应急风管对漏点处进行强风冷却。

（4）作业人员从多功能机组打开的位置不断补充破碎块及氧化铝混合料，持续进行捣固。捣砸的顺序是：漏炉点对应位置的人造伸腿周边；阴极炭块间缝；电解槽阳极中缝。

（5）对漏炉点对应位置的人造伸腿周边捣砸无效后，作业人员应当指挥多功能机组吊出漏炉位置的阳极，将壳面块、氧化铝混合料添加到阳极对应的炉膛内，再利用多功能机组捣砸此处的阴极炭块间缝，若液柱无明显减小，迅速将捣砸范围转移至此处的阳极中缝位置。

（6）如果发现电解槽内的液体液位低于侧部漏点，作业人员就不要再降低阳极高度，以避免电解质和铝液从漏点继续漏出。

（7）若电解槽炉膛内侧部漏点难以找出，且经过长时间捣固后漏炉情况没有明显改善，则应迅速停槽，避免事态扩大。

## 7.10.2　钢棒漏炉

### 7.10.2.1　钢棒漏炉原因

与电解槽侧部漏炉类似，电解槽钢棒窗口漏炉也是因为液态铝液或液态电解质沿阴极与人造伸腿间缝或裂纹、阴极炭块间缝或裂纹等，渗透至阴极钢棒位置。这一过程不仅会使炉底温度升高，而且会使阴极钢棒熔化，当液态铝液或液态电解质沿阴极钢棒位置渗透到电解槽外壳时，就会发生电解槽钢棒漏炉。

### 7.10.2.2 钢棒漏炉位置判断

钢棒漏炉漏出的液体主要是液态铝液。500kA 电解槽渗漏点外部一般位于阴极钢棒窗口处，内部一般对应人造伸腿与阴极炭块缝隙间。部分渗漏是沿着阴极炭块间缝渗入阴极底部发生的漏炉。

### 7.10.2.3 钢棒漏炉的处理方法

钢棒漏炉的应对方法与侧部漏炉应对方法一致。但是，针对电解槽钢棒漏炉，作业人员的应对措施要格外谨慎，防止大量冲毁槽周母线。

### 7.10.2.4 特别提醒

（1）作业人员要格外关注生产过程中，硅、铁含量异常的电解槽。针对此类电解槽要严格监控侧部钢板、底部钢板和阴极钢棒温度，必要时采取人工修补的方法予以处理。

（2）电解槽发生钢棒漏炉时，现场作业人员和负责人员应该做好系列应急停电的准备。一旦情况失控，就必须马上系列停电。

## 7.10.3 底部漏炉

### 7.10.3.1 底部漏炉原因

电解槽底部漏炉是非常少见，但后果非常严重的漏炉事故。在极端情况下，液态铝液或液态电解质沿阴极炭块间缝或裂纹，大量渗入阴极底部，穿透防渗层、耐火层和保温层，最后穿透底部钢板。

### 7.10.3.2 底部漏炉的预防

电解槽内的高温液体一旦穿透阴极，进入防渗层后，电解槽铝液中的铁、硅成分会在短期内发生大的变化。

因此，一旦出现此类电解槽，现场作业人员必须严密监控电解槽铝液中铁、硅成分变化和槽底钢板温度变化并找出原因，一旦铝液中铁、硅成分含量持续升高且无其他原因、槽底钢板温度持续升高且局部出现鼓胀和发红现象，系列负责人员就必须考虑将该电解槽退出生产。

### 7.10.3.3　底部漏炉的处理

底部漏炉的处理方法为：

（1）安排专人监护槽电压，槽电压不得超过 5V。

（2）作业人员指挥天车拔出漏点对应部位的阳极。

（3）作业人员利用工具找出具体漏铝的部位。

（4）发现漏铝位置后，作业人员利用破碎块（直径小于 5cm）及氧化铝混合料封堵漏点，用多功能机组持续进行捣固。

（5）若电解槽炉膛底部漏点难以找到，且经过长时间捣固后漏炉情况没有明显改善，则应迅速停槽，避免事态扩大。

### 7.10.3.4　特别提醒

（1）正常生产的电解槽，必须提前做好穿槽母线防护。

（2）一旦发生底部漏炉，负责监控槽电压的人员必须控制和保持槽电压不得超过 5V。

（3）在具备条件的情况下，允许现场操作人员将阳极降至阴极表面，使阳极和阴极接触，随后断开系列电流。

（4）一旦发生底部漏炉，电解槽底部监控人员必须远离事故现场，防止爆炸伤人。

（5）底部漏炉一旦无法控制，必须在第一时间切断系列电流。

## 温馨提示

（1）不论电解槽哪个部位漏炉，作业人员在现场处理过程中一定不要慌乱。处理的前提是，一旦无法控制事态，能在第一时间切断系列电流。

（2）一旦发生电解槽漏炉，除现场积极抢险外，电解槽下也应该有作业人员巡视。防止落于槽下的高温液体引燃槽下数据线路和电缆等，避免发生次生事故。

（3）经技术人员现场判断，如果漏炉可控，作业人员应当提前准备液体电解质，以便在漏炉得到控制以后及时灌入电解槽，迅速稳定生产。

（4）电解槽漏炉处理过程中，监控电压的人员应当是有丰富的应急经验，切不可让新手监控电压。漏炉电解槽在降电压过程中切忌盲目猛降。

## 7.11 阳极无指令上升或下降

### 7.11.1 阳极无指令上升或下降的定义

在电解生产中，有时由于槽控机控制系统出现故障（如接触器粘连等）造成阳极的连续动作现象，主要分为阳极的无指令上升或无指令下降。这种现象可能造成"拔槽"或"坐槽"等较大安全事故。

### 7.11.2 阳极无指令上升或下降的产生原因

阳极无指令上升或下降的产生原因为：

（1）电动机升降线序接反，槽控机在执行阳极升的命令时，电动机反向转，实则阳极往下降，造成系统误判断，持续多次执行命令，阳极无限下降，反之亦然。

（2）在控制过程中槽控机内接触器粘连。

（3）因异常天气（如打雷、闪电、下雨）等造成槽控箱线路、控制面板、采集面板等损坏，槽控箱执行错误命令。

### 7.11.3 阳极无指令上升或下降的紧急处置

阳极无指令上升或下降的紧急处置措施为：

（1）阳极无指令上升。

1）立即按下急停按钮（或迅速拉下 380V 主电源）。

2）当急停按钮失效或现场紧急时，应当果断切零。

3）同时将一捆效应棒插进电解槽，防止断路。

4）如果时间允许，应当迅速使用天车或人为下降阳极，防止断路。

（2）阳极无指令下降。

1）立即按下急停按钮（或迅速拉下 380V 主电源）。

2）当急停按钮失效，阴极或阳极母线、阳极提升机构及槽下电缆损毁严重，甚至短路口出现弧光和爆炸，则系列必须立即断电。

（1）在更换电动机后，必须由电工在槽控机上实验电动机升降线序是否接反，确认正确后方可离开。

（2）低压配电室检修或更换器件后，须有电工到槽控机上实验阳极升降是否正确，确认后方可取消"纯手动"。

（3）在槽控机执行命令时，信号采集板定时器计时，阳极升降超过 3s 则反馈信号，显示故障 10（定时超），系统将不会自动升降阳极。

（4）系统设定可调电压下限为 3800mV，可调电压上限为 4500mV，即电压在高于 4.5V、低于 3.8V 后，控制系统都不会动作阳极。

（5）电解槽上装有限位接近开关，在母线接近上限时，限位指示灯亮，槽控机输出的回路电压达不到 8V，系统显示故障 13（母线上限位故障），则系统不会阳极升，反之亦然。

（6）如果遇到异常天气，特别是打雷、闪电等情况时，现场的一切作业应当立即停止，所有人员要到烟道端巡视监控槽控箱。

（7）槽控箱备件采购时应当采购厂家原装备件，严禁使用劣质备件。

## 7.12 电解槽停限电应急预案

### 7.12.1 500kA 电解槽停限电应急处理的目的

500kA 电解槽停限电应急处理的目的为：规范电解槽的停限电

应急管理，提高员工现场应急处置能力，将事故损失降到最低限度。

## 7.12.2　停限电期间各机构职责

应急领导组职责为：

（1）全面负责停限电情况下的生产协调、组织工作。

（2）负责停限电方案的审核上报工作。

（3）停限电期间工艺、技术条件变更的审批。

（4）重大异常现象的研究处理。

（5）负责停限电期间的安全监督工作。

各部门职责为：

（1）生产管理部门：根据停限电应急领导组的指示，对电解槽停限电期间的生产进行协调、组织，督促检查各工区低电流运行物资、方案、工器具的准备情况。负责停限电期间的现场安全检查、监护，对安全生产的抢险方案、措施及执行情况进行督促和指导。

（2）设备管理部门：负责加大设备维护管理力度，对于重点设备进行重点监控，组建设备抢险应急队伍。

（3）后勤部门：负责保证应急车辆的正常运行并做好后勤保障工作。

（4）各生产单位：负责根据500kA电解槽停限电生产管理应急方案，制定实施细则，配备应急物资、设备、工器具；对于各种突发事故，及时汇报并采取应急措施控制事态发展，积极自救。

## 7.12.3　启动应急方案的条件

供电机组出现停电或供电负荷不足以保持正常生产，系列电流低于480kA的情况下即可立即启动应急方案。

## 7.12.4　应急指挥流程

应急指挥流程如图7-4所示。

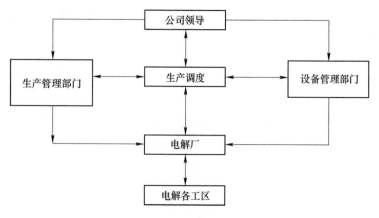

图 7-4　应急指挥流程

需要说明的是，特殊情况下可越级汇报。

### 7. 12. 5　交通运输安排

生产管理部门在接到生产调度的停限电的通知后，根据生产需要和领导指示，立即安排值班车辆接送相关单位负责人及班区长，以便及时有效的实施应急预案。

### 7. 12. 6　管理规定

管理规定为：

（1）电解槽低电流运行期间加强值班管理，各科室、各电解厂及车间每日必须安排专人值班，全体管理人员和技术骨干必须保证手机 24h 开机。

（2）各电解工区及时调整电解槽技术参数，转入低电流运行控制方案，并组织人员加强电解槽巡检力度，确保不出现异常现象。

（3）加强劳动纪律管理，机组故障期间，有关人员不得请假（特殊情况，须报应急领导组批准，做好工作安排与交接），杜绝迟到、早退、睡岗现象。

（4）增加设备巡检频率，及早发现设备缺陷，将事故隐患消灭在萌芽状态。

（5）加强对槽况不好的电解槽的维护，严格工艺纪律，严格按照电解槽低电流运行技术参数控制，保障生产平稳。

（6）加强效应管理，采取各种措施杜绝同时发生3个以上（含3个）效应发生，杜绝系列电压、电流的急剧波动，防止对整流机组及电解槽的剧烈冲击。

（7）加强电解槽低电流运行期间的安全工作，加大安全检查力度，安全环保科及有关安全管理人员现场24h值班，防止各类违章事故的发生。

（8）做好抢修期间的物资、工器具的充足供应以及人员的准备工作。

### 7.12.7　应急物资、工器具管理

（1）应急物料准备。每个工区效应棒2000根，冰晶石20t，氧化铝20袋（按物资调配程序）。

（2）应急工器具准备。每个工区停槽工具两套，防漏护板1套，电解质调整桶两个（由工区准备）。

（3）物资调配程序。接到停限电指令→汇报公司相关领导→启动本预案→通知电解厂（或车间）→工区申请调运物资→生产管理部门批准调动。

### 7.12.8　停限电原则

停限电原则为：

（1）短时间计划停限电，不超过3h，不考虑停槽，降低系列电流；超过3h，执行相应措施。

（2）平均电流480kA以上时，加强现场保温管理，执行限电预案。

（3）平均电流440～480kA时，加强现场管理，执行限电预案。

（4）平均电流400～440kA时，停部分动力电（净化风机，照明电）。

（5）平均系列电流低于400kA超过6h，考虑部分停槽，执行停

槽预案。

(6) 系列直流电全停，执行保温措施，并做好停槽准备。

## 7.12.9　预案详细措施

措施一（480kA 以上）为：

(1) 原材物料到位（冰晶石，效应棒准备到工区）。

(2) 按标准加好保温料，杜绝大面冒火、阳极裸露、塌壳等现象发生。

(3) 按要求盖好炉门、槽罩板，做好电解槽保温工作。

(4) 加强电压巡视，防止低电压造成压槽，电压按系列电流自动保持，不进行极距调整。

(5) 控制效应时间，发现效应立即熄灭。

(6) 电解质水平、铝水平、电解温度、摩尔比按技术规范有利于槽况稳定的上、下限值保持。

(7) 电解作业区加强对保温料、两水平的监测。$NB$ 间隔延长 3~5s，电解槽计算机自适应控制，槽控机系统要根据电流变化情况，及时调整其标准电流，当电流由 490kA 每降低 2kA 即调整一次标准电流，该项工作由电解厂（或车间）负责。

(8) 提高换极、出铝速度，不允许多台槽盖板同时打开，保持热量平衡。

措施二（400~480kA）为：

(1) 在措施一的基础上实施措施二。

(2) 原材物料必须放到指定地点，效应棒，每槽放 5 根，冰晶石封堵出铝口。

(3) 加强电压巡视，防止低电压造成压槽，电压按系列电流自动保持，不进行极距调整。

(4) $NB$ 间隔延长 5~10s，执行定时下料，取消电解槽自适应控制。

(5) 停止换极工作，出铝量根据当时两水平和电流强度制定。

(6) 停止净化风机，全力加强电解槽保温。

（7）每小时测量一次两水平，对电解质水平低于15cm的电解槽重点关注，并加强保温。

（8）全槽补加保温料，要求保温料必须超过钢梁的1/3。

措施三（平均电流小于400kA）为：

（1）在实施措施一、措施二的基础上实施措施三。

（2）全槽补加保温料，要求保温料必须超过钢梁的2/3。

（3）准备好停槽工具，做好停槽准备。

（4）准备好出铝抬包，做好抢铝准备。

（5）停止一切操作，$NB$间隔延长$10 \sim 30s$，每半小时测量一次异常槽水平，电解质低于10cm停止下料，立即汇报相关领导。

（6）对电解质发黏槽插入效应棒，促使电解质沸腾。

（7）对电解质水平低于5cm的电解槽在具备条件的情况下灌入液体电解质，做好坐槽准备。

（8）发生效应，立即熄灭。

措施四（停电自救措施）为：

（1）停止一切生产作业。

（2）停止下料，槽控机转成纯手动状态。

（3）做好阳极行程记录。

（4）全力加强保温。

1）关闭厂房上下窗户，盖好槽罩板，用冰晶石封堵化开出铝口及火眼。

2）所有净化风机全部停止运行。

3）补加各槽阳极、大面、中缝、小头保温料，保温料厚度和钢梁加至平齐，坚决避免大面冒火现象。

（5）监测电解质水平。

1）区长及生产人员加强检查巡视。

2）区长每隔1h测一遍电解质，并观察阳极与电解质接触情况，将电解质变化情况及时汇报本单位负责人，最后汇总到领导小组。

3）停电超过3h后，随时监测每台槽电解质及阳极与电解质接触情况。

4）电解质太低的可适当降低阳极，并做好母线行程记录，电解质低于 5cm 的，请示领导小组根据槽龄长短决定停槽或坐槽后二次启动。

5）母线行程太低的通知母线班及时把母线抬到合适位置。

### 7. 12. 10　送电及升电流程序

送电及升电流程序为：

（1）每台槽前准备 3~5 根效应棒。

（2）送电前确认每台槽控机处于手动状态。

（3）送电前检查阳极底掌是否脱离电解质液面，如发现有脱离现象，适当手动下降阳极，使其接触电解质液面。

（4）确认阳极底掌全部进入电解质液面后，逐级汇报，最后由领导小组组长指令当班调度班长联系送电。

（5）先将电流送至 50kA，逐台检查阳极与电解质接触情况，阳极与电解质间有弧光、槽电压上升异常或上升迅速时，应立即插入几根效应棒，适当下降阳极，确认无异常后，将电流送至 100kA，并依次类推检查送电。

（6）送电过程中，低电压不抬阳极，高电压适当降低阳极，以利于尽快恢复全电流。

（7）送电时，不允许烧效应，来效应后立即熄灭。

### 7. 12. 11　正常状态恢复程序

（1）全电流生产 24h 无异常后，由领导小组组长宣布终止应急过程，转入停限电管理过渡状态。

（2）对所有电解槽电解质水平进行测量，高于 15cm 转入正常作业，15cm 以下电解槽重点监控处理，所有电解槽电解质水平高于 15cm 以上宣布停限电过渡状态结束，转入正常生产。

（3）安排电解工区尽快恢复生产。

（4）总结此次应急预案的执行情况。

（5）评估经济损失。

### 7.12.12 应急预案的维护

（1）由电解厂（或车间）组织相关人员的培训教育，每季度进行一次模拟演练，并对熟练情况做出评估报告。

（2）随时检查应急预案的熟悉情况，并结合生产、设备等情况随时完善、改进和维护。

## 7.13 电解槽停风应急预案

### 7.13.1 500kA 电解槽停风应急预案的目的

500kA 电解槽停风应急预案的目的是为了避免电解槽在正常生产过程中由于系列停风造成电解槽供料不足、严重漏料、大面积效应，导致系列停电或人员伤害。

### 7.13.2 电解槽停风影响范围

当出现停风时，会影响到电解槽打壳气缸停止工作、定容下料器停止工作。造成电解槽在生产过程时，氧化铝浓度持续降低发生长时间效应。

### 7.13.3 停风影响范围处理方法

单槽供风支管故障造成单槽停风，其处理方法为：

（1）发现某台电解槽发生供风管路爆裂、气源三联件损坏，造成电解槽停止打壳、下料，立即对停风情况进行确认，并及时通知当班班长。

（2）打开该槽下料点对应槽盖板，采取人工补料的方式向电解槽紧急补料，如壳面料不足，吊运大袋氧化铝至槽前进行人工添加。

（3）当班班长及时通知维修人员，并准备好风管、快速接头，关闭该槽供风支管阀门，自相邻槽引入风源向该槽紧急供风，待该槽供风正常后，联系检修人员进行处理。

电解槽系列或区段性供风故障的处理方法为：

（1）当某区电解槽烟道端风源总管路挠性补偿器发生爆裂或管路故障，或空压机全部停止作业，现场无风压时，当班班长立即对故障部位、故障情况进行确认，将确认情况汇报上级领导。

（2）当班班长立即联系将氧化铝、效应棒送达管路破损位置对应工区，召集人员、天车对电解槽紧急补充氧化铝，并及时熄灭电解槽阳极效应。

（3）维修人员立即组织人员、工具、备件、备用供风风源在最短时间内到达事故部位，同时关闭事故所在区域风源阀门，对事故区段管道停风，保持非事故区打壳下料风压正常。维修人员立即更换新补偿器或维修管路，对现场进行确认后，逐步恢复该区段主管道供风。

### 7.13.4　应急物资

（1）应急物料准备。每个工区效应棒 2000 根，冰晶石 20t，氧化铝 20 袋（按物资调配程序）。

（2）应急工器具准备。每个工区停槽工具两套，防漏护板 1 套，电解质调整桶两个（由工区准备）。

（3）物资调配程序。接到停风指令—汇报公司相关领导—启动本预案—通知电解厂（或车间）—工区申请调运物资—生产管理单位批准调动。

## 7.14　500kA 电解槽短路口及立柱母线损坏应急处置预案

### 7.14.1　应急预案的目的

应急预案的目的是规范铝电解槽短路口及立柱母线损坏后的应急管理程序，统一处置思路和方法。

### 7.14.2　应急处置分类及方案

发生铝电解槽短路口爆炸事故后，必须紧急切断系列电流。系列停电后，事故应急人员迅速检查事故电解槽短路口、立柱母线、槽周母线损坏情况，并及时清理电解槽周边飞溅的铝屑、电解质及其他固体杂质，同时全面检测电解槽各部位绝缘状况。

在确保电解槽各部位绝缘正常、槽控机及上部提升机构运行正常且阳极无异常后，尽快按照以下5种情况，按送电梯度尽快恢复系列电流。

（1）1~2处短路口和立柱母线损坏，且短路口压接部位受损面积均小于50%，其余短路口和立柱母线完好情况下，采取不停槽、送全电流措施。具体步骤如下：

1）作业人员首先要对损坏的短路口做绝缘处理。具体实施时，可采用绝缘材料将短路口分开，确保立柱母线与电解槽阴极之间无粘连、搭接。

2）与此同时，作业人员对包括母线对地、电解槽对地、电解槽各部位之间的绝缘情况要进行全面检测，符合绝缘要求后才能送电。

3）负责人员在确认1）、2）两项工作全部完成、阳极升降系统完好、阳极与电解质接触良好后按送电梯度尽快恢复系列供电，直至恢复到全电流。

4）按铝母线最大截流量为$1A/mm^2$计算，500kA铝电解槽短路口压接部位面积损坏50%时，最大导电量为：$500 \times 470 \times 80\% \times 50\% \times 1 = 94kA > 83.3kA$。

（2）损坏3~4处短路口和立柱母线，且短路口压接部位受损面积小于50%，其余短路口和立柱母线完好情况下，采取不停槽，恢复系列60%电流强度措施。具体步骤如下：

1）已损坏短路口的清理及电解槽绝缘情况检测参照（1）中1）、2）所述步骤开展。

2）现场负责人员确认1）要求的工作全部完成、电解槽阳极升降系统完好、阳极与电解质接触良好后，按梯度尽快送电，直至300kA。

（3）5~6处短路口和立柱母线均有损坏，但各处母线短路口压接部位受损面积不超过10%时，可以采取不停槽，恢复系列全电流措施。具体步骤照（1）中所述。

（4）5~6处短路口和立柱母线，受损面积和受损程度一旦超过（1）、（2）、（3）所述情况，就应采取以下措施：

1）作业人员首先要对损坏的短路口做绝缘处理，完好的短路口做短路处理。

2）作业人员和负责人员在确认阳极与电解质接触良好的前提下，根据实际情况，将系列电流恢复至 100 ~ 200kA。

3）完成上述步骤后，电解系列要分批次停限电。在停限电的过程中，作业人员通过架设临时应急母线对事故槽进行停槽处理。

（5）在（1）、（2）、（3）所述情况及阳极脱极问题同时发生的极端条件下，应参照以下要求逐步恢复系列电流：

1）电解槽内阳极脱极数量不超过 8 块时，在现场负责人的具体指挥下，可根据实际情况采取措施，逐步将系列电流恢复至 500kA。

2）电解槽内阳极脱极数量不超过 16 块时，可根据实际情况采取措施，逐步将系列电流恢复至 350kA，同时尽快组织人力和相关设备对已脱落阳极进行替换，并视实际情况，升高或降低系列电流强度。

3）电解槽内阳极脱极数量不超过 24 块（单侧不超过 12 块）时，可根据实际情况采取措施，逐步将系列电流恢复至 250kA，同时尽快组织人力和设备对脱落阳极进行替换，并视实际情况，升高或降低系列电流强度。

4）电解槽内阳极脱极数量超过 24 块（单侧不超过 12 块）时，应立即用临时应急母线将该电解槽停槽，然后在尽可能短的时间内逐步恢复系列电流。

500kA 铝电解槽短路口损坏处置措施见表 7-1。

表 7-1   500kA 铝电解槽短路口损坏处置措施参照表

| 序号 | 短路口及立柱母线损坏 | 脱极数量/块 | 是否停槽 | 电流恢复值/kA |
|---|---|---|---|---|
| 1 | 1 ~ 2 处短路口和立柱母线损坏 | 无脱极 | 否 | 500 |
| | | 8 | 否 | 500 |
| | | 16 | 否 | 350 |
| | | ≥24 | 否 | 250 |
| | | ≤24 | 是 | — |

续表 7-1

| 序号 | 短路口及立柱母线损坏 | 脱极数量/块 | 是否停槽 | 电流恢复值/kA |
|---|---|---|---|---|
| 2 | 3~4 处短路口和立柱母线损坏 | 无脱极 | 否 | 300 |
| | | 8 | 否 | 300 |
| | | 16 | 否 | 300 |
| | | ≥24 | 否 | 250 |
| | | ≤24 | 是 | — |
| 3 | 5~6 处短路口损坏，损坏面积不超过 10% | 无脱极 | 否 | 500 |
| | | 8 | 否 | 500 |
| | | 16 | 否 | 350 |
| | | ≥24 | 否 | 250 |
| | | ≤24 | 是 | — |
| 4 | 5~6 处短路口均损坏，且损坏面积大 | — | 是 | — |

## 7.14.3 临时应急母线的安装方法

受损严重的事故电解槽必须在系列停电后，安装临时应急母线。现场负责人员和作业人员应该根据立柱母线和阴极母线的损坏情况，架设临时应急母线，将事故电解槽短路、邻近电解槽避开后，尽快恢复系列电流。临时应急母线的安装方法如图 7-5 和图 7-6 所示。

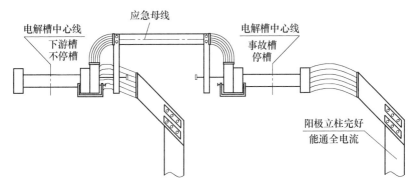

图 7-5 事故电解槽槽周母线或短路口损坏，立柱母线完好的情况

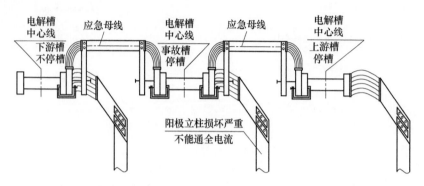

图 7-6　事故电解槽槽周母线、短路口和立柱母线均损坏的情况

# 8 500kA 电解槽停槽判定标准

## 8.1 技术要求

电解槽停槽可分为计划停槽和紧急停槽。停槽时应兼顾安全和及时原则，同时准备好应急工具。

（1）计划停槽。考虑整个电解铝系列安全稳定生产或者设备维修方面的必需要停电，由电解作业区或供电单位提出。

（2）紧急停槽。由于电解铝系列发生电解槽严重漏槽、断路、短路、严重脱极、严重滚铝等紧急情况造成的系列紧急停电。

计划停槽或紧急停槽的工具有：成套赛尔开关、起重吊带、绝缘板、万用表和绝缘测试设备、停槽专用扳手、绝缘插板和护套、短路口用绝缘紧固螺栓与螺帽、绝缘撬棍和钢钎、橡皮锤、橡胶风管、真空抬包、绝缘天车、大铁箱等。

## 8.2 停槽标准

停槽标准分为以下几个方面：

（1）焙烧槽停槽。焙烧期间因电解槽阳极偏流造成单侧脱落 5 块以上（含 5 块），两侧脱落 7 块以上（含 7 块），可进入停槽程序。

（2）启动槽停槽。

1）启动过程中发生电解质渗漏，经处理无效，可进入停槽程序。

2）启动过程中发生阳极单侧脱落 5 块（含 5 块）以上，两侧脱落 7 块以上（含 7 块），经处理无效果后，可进行停槽处理。

3）在启动过程中，打捞碳渣时，发现阴极起层后漂起的炭块、人造伸腿等炭质异物，且有电解质或铝液渗出或出现，槽体严重变形发红，处理无效果时，可进行停槽处理。

（3）病槽停槽。

1）因病槽导致脱极，单侧脱落 5 块（含 5 块）以上，两侧脱落 7 块（含 7 块）以上，处理后仍出现脱落现象且有扩大趋势时，可进行停槽处理。

2）因病槽导致槽温连续 1 周内超过 1000℃，电压高且阳极母线处于无法上升或下降位置，无法进行母线提升作业时，可进行停槽处理。

3）出现难灭效应，效应超过 8h，槽体严重变形发红，经处理无效果时，进行停槽处理。

（4）破损槽停槽。

1）电解槽炉底钢板温度平均超过 200℃，局部出现钢板发红，经现场补救维护，1 周后仍无明显下降，进行停槽处理。

2）炉底破损处附近局部炉底钢板温度超过 420℃，并伴有发红和温度上升趋势时，经现场处理，6h 内仍无改善，进行停槽处理（炉底平均温度测量方法：将炉底均匀划分为 16 部分，每部分取 16 点进行测量，求平均值）。

3）破损部位对应的阴极钢棒温度超过 350℃，经断开阴极软带或临时修补处理 1h 内无效，进行停槽处理。

4）原铝中 Fe 含量超过 1.00%，Si 含量超过 0.10%，确定非原料或含铁物质进入电解槽造成，且已查明电解槽存在破损。经补救，1 周后 Fe、Si 含量仍大于上述值，可停槽处理。

5）确定非原料或含铁物质进入电解槽，且已确定电解槽存在破损，电解槽 Fe 含量 24h 增加量不小于 0.50%，且持续增加，破损处及附近阴极钢棒温度不低于 350℃，采取补救措施无效，进行停槽处理。

6）电解槽发生铝液或电解质严重漏炉，且平衡母线距下限位不足 10cm，立即组织停槽。

7）阳极效应持续 3h 以上，铝液和电解质剧烈喷溅，严重烧坏槽罩板、操控机等，影响到系列安全时，立即组织停槽。

# 参 考 文 献

［1］酒泉钢铁（集团）有限责任公司，沈阳铝镁设计研究院有限公司. SY500 超大型预焙阳极铝电解综合集成技术开发与产业化应用研究（成果鉴定材料），2014.

［2］文义博，胡跃文，程富贵. 槽控机系统操作指南（电解作业区培训版）（内部资料）. 甘肃东兴铝业有限公司嘉峪关分公司，2014.

［3］邱竹贤. 预焙槽炼铝［M］. 北京：冶金工业出版社，2005.

［4］刘业翔，李劼，等. 现代铝电解［M］. 北京：冶金工业出版社，2008.

［5］成庚，等. 甘肃东兴铝业有限公司技术标准（内部资料）（东铝技术标〔2013〕1 号），2013.

［6］YS/T 784—2012. 铝电解槽技术参数测量方法［S］. 北京：中国标准出版社，2012.

［7］沈阳铝镁设计研究院. 甘肃东兴铝业有限公司酒嘉风电基地高载能特色铝合金节能技术改造工程可行性研究报告（内部资料），2009.

［8］沈阳铝镁设计研究院有限公司. 酒钢集团酒嘉风电基地煤铝电一体化项目 2×45 万吨电解铝建设工程可行性研究报告（内部资料），2012.

［9］厉衡隆，顾松青，李金鹏，等. 铝冶炼生产技术手册（下册）［M］. 北京：冶金工业出版社，2008.

［10］杨昇，杨冠群. 铝电解技术问答［M］. 北京：冶金工业出版社，2009.